住房城乡建设部土建类学科专业“十三五”规划教材
高等学校工程管理专业系列教材

工程合同管理

主　编　任　杰　苑宏宪
副主编　张学科
主　审　樊燕燕　王　琳

中国建筑工业出版社

图书在版编目（CIP）数据

工程合同管理/任杰，苑宏宪主编. —北京：中国建筑工业出版社，2020.2（2024.2重印）
住房城乡建设部土建类学科专业“十三五”规划教材
高等学校工程管理专业系列教材
ISBN 978-7-112-24877-3

Ⅰ.①工… Ⅱ.①任… ②苑… Ⅲ.①建筑工程-经济合同-管理-高等学校-教材 Ⅳ.①TU723.1

中国版本图书馆CIP数据核字（2020）第031512号

本书系统全面地介绍了工程合同管理的理论和方法。本书的内容主要包括6章，其中第1章是建设工程合同法律基础；第2章是建设工程合同风险管理；第3章是建设工程勘察设计合同管理；第4章是建设工程施工合同管理；第5章是建设工程施工索赔；第6章是建设工程其他相关合同。在编写中力求文字叙述简明扼要、通俗易懂，并以我国最新的法律、法规为依据，系统全面地叙述了工程合同管理的理论和方法。

本书内容丰富、体系完备、紧密联系工程实际、注重内容的实用性和可操作性。可作为高等学校土木工程、工程管理和土建类相关专业的教材，也可作建设单位、设计单位、施工单位和工程咨询单位等相关工程技术人员的参考用书。

为更好地支持相应课程的教学，我们向采用本书作为教材的教师提供教学课件，有需要者可与出版社联系，邮箱：jckj@cabp.com.cn，电话：(010)58337285，建工书院：https://edu.cabplink.com（PC端）。

责任编辑：张　晶　王　跃
责任校对：王　瑞

住房城乡建设部土建类学科专业“十三五”规划教材
高等学校工程管理专业系列教材
工程合同管理
主　编　任　杰　苑宏宪
副主编　张学科
主　审　樊燕燕　王　琳
*
中国建筑工业出版社出版、发行（北京海淀三里河路9号）
各地新华书店、建筑书店经销
北京红光制版公司制版
建工社（河北）印刷有限公司印刷
*
开本：787×1092毫米　1/16　印张：11　字数：273千字
2020年6月第一版　2024年2月第四次印刷
定价：**32.00**元（赠课件）
ISBN 978-7-112-24877-3
(35412)

序　言

全国高等学校工程管理和工程造价学科专业指导委员会（以下简称专指委），是受教育部委托，由住房城乡建设部组建和管理的专家组织，其主要工作职责是在教育部、住房城乡建设部、高等学校土建学科教学指导委员会的领导下，负责高等学校工程管理和工程造价类学科专业的建设与发展、人才培养、教育教学、课程与教材建设等方面的研究、指导、咨询和服务工作。在住房城乡建设部的领导下，专指委根据不同时期建设领域人才培养的目标要求，组织和富有成效地实施了工程管理和工程造价类学科专业的教材建设工作。经过多年的努力，建设完成了一批既满足高等院校工程管理和工程造价专业教育教学标准和人才培养目标要求，又有效反映相关专业领域理论研究和实践发展最新成果的优秀教材。

根据住房城乡建设部人事司《关于申报高等教育、职业教育土建类学科专业“十三五”规划教材的通知》（建人专函［2016］3号），专指委于2016年1月起在全国高等学校范围内进行了工程管理和工程造价专业普通高等教育“十三五”规划教材的选题申报工作，并按照高等学校土建学科教学指导委员会制定的《土建类专业“十三五”规划教材评审标准及办法》以及“科学、合理、公开、公正”的原则，组织专业相关专家对申报选题教材进行了严谨细致地审查、评选和推荐。这些教材选题涵盖了工程管理和工程造价专业主要的专业基础课和核心课程。2016年12月，住房城乡建设部发布《关于印发高等教育职业教育土建类学科专业“十三五”规划教材选题的通知》（建人函［2016］293号），共有25种（含48册）工程管理和工程造价学科专业教材入选住房城乡建设部土建类学科专业“十三五”规划教材。

这批入选规划教材的主要特点是创新性、实践性和应用性强，内容新颖，密切结合建设领域发展实际，符合当代大学生学习习惯。教材的内容、结构和编排满足高等学校工程管理和工程造价专业相关课程的教学要求。我们希望这批教材的出版，有助于进一步提高国内高等学校工程管理和工程造价本科专业的教育教学质量和人才培养成效，促进工程管理和工程造价本科专业的教育教学改革与创新。

高等学校工程管理和工程造价学科专业指导委员会

2017年8月

前　言

工程合同管理是工程管理中的一个重要知识领域，是研究工程合同管理理论和方法的学科。随着我国建筑业与相关产业的迅猛发展，其研究越来越深入，应用也越来越规范。本书以中国特色社会主义市场经济理论为指导，紧紧围绕工程合同管理应支持业主“在可持续发展过程中以诚信为本实现物有所值”这一目标，系统介绍了工程合同管理的国际惯例以及我国的良好实践和理论研究成果，全面反映了《中华人民共和国合同法》《建设工程项目管理规范》GB/T 50326—2017、《建设工程设计合同示范文本》和国家有关部门最新颁布（修改）的工程合同管理方面的法律、法规、规章和管理规范等内容。

本书在编写过程中注重培养学生的实践能力，基础理论贯彻“实用为主、必需和够用为度”的原则，注重理论联系实际，加强通用性、实用性、操作性，力求学以致用。本书基本知识采用概念清楚、结构合理、广而不深、点到为止的编写方法。另外，书中穿插了大量与实际工程相关的情景案例，便于学生将理论知识应用于实践，解决实际问题。

本书由北京联合大学任杰和鲁东大学苑宏宪担任主编，负责大纲的拟定和全书统稿；由兰州交通大学樊燕燕，王琳主审；由宁夏大学张学科担任副主编；参编的还有陇东学院孙波和松原职业技术学院李娜。具体编写分工为：第1章由张学科编写，第2章由任杰编写，第3章由任杰和孙波编写，第4章、第5章由苑宏宪和任杰编写，第6章由苑宏宪和李娜编写。

本书在编写过程中引用了相关法律、法规，参考了有关书籍和文献资料，在此谨向其作者致以诚挚的谢意。

由于作者水平有限，错误与不妥之处在所难免，敬请各位读者与同行不吝指正。

目　录

第 1 章　建设工程合同法律基础

本章要点及学习目标

本章介绍了工程合同法律关系的主体、客体和内容。通过本章的学习，可以了解合同的基本法律基础，合同法的基本原理，合同的效力，合同的履行、变更、转让和终止。了解合同违约责任的处理。

1.1　合同法律关系

1.1.1　法律关系的概念

法律关系，是指人与人之间的社会关系为法律规范调整时，所形成的权利和义务关系。人们在社会生活中结成各种社会关系。当某一社会关系为法律规范所调整并在这一关系的参与者之间形成一定权利义务关系时，即构成法律关系。因此，法律关系是诸多社会关系中一种特殊的社会关系。

社会关系的不同方面由不同方面的法律规范调整，因而形成了内容和性质各不相同的法律关系，如行政法律关系、民事法律关系、经济法律关系、婚姻家庭关系、刑事法律关系等。

法律关系的特征主要有：①法律关系是一种思想社会关系，是建立在一定经济基础上的上层建筑；②法律关系是以法律上的权利和义务为内容的社会关系；③法律关系是由国家强制力保障的社会关系；④法律关系的存在必须以相应的现行法律规范的存在为前提，法律关系不过是法律规范在实际生活中的体现。

法律关系由法律关系主体（简称主体）、法律关系客体（简称客体）及法律关系内容（简称内容）三要素构成。主体是法律关系的参与者或当事人，客体是主体享有的权利和承担的义务所指向的对象，而内容即是主体依法享有的权利和承担的义务。

1.1.2　合同法律关系的构成

合同是法律关系体系中的一个重要部分，它既是民事法律关系体系中的一部分，同时也属于经济法律关系的范畴，在人们的社会生活中广泛存在。

合同法律关系是由合同法律规范调整的、在民事流转过程中所产生的权利义务关系。

合同法律关系同其他法律关系一样，都是由合同法律关系主体、合同法律关系客体和合同法律关系内容三个要素构成。缺少其中任何一个要素都不能构成合同关系，改变其中的任何一个就改变了原来设定的法律关系。

1. 合同法律关系的主体

合同法律关系的主体是指参加合同法律关系，依法享有相应权利、承担相应义务的当事人。在每一具体的法律关系中，主体的多少各不相同，但大体上都归属于相对应的双方：一方是权利的享有者，称为权利人；另一方是义务的承担者，称为义务人。

《合同法》规定，可以充当合同法律关系主体的有自然人、法人和其他组织。

（1）自然人

自然人是指基于自然出生而成为民事法律关系主体的有生命的人。自然人既包括公民，也包括外国人和无国籍人，他们都可以作为合同法律关系的主体。

自然人成为合同民事法律关系的主体应当具有相应的民事权利能力和民事行为能力。

1）民事权利能力是民事主体参加具体的民事法律关系，享有具体的民事权利，承担具体的民事义务的前提条件。自然人的民事权利能力始于出生，终于死亡，是国家直接赋予的。

2）民事行为能力是指民事主体以自己的行为参与民事法律关系，从而取得享受民事权利和承担民事义务的资格。

民事行为能力与民事权利能力不同，民事权利能力是指法律规定民事主体是否具有享有民事权利和承担民事义务的资格，而民事行为能力则是指民事主体通过自己的行为去取得享受民事权利和承担民事义务的资格。民事主体必须有民事权利能力才可能有民事行为能力，但有民事权利能力却不一定有民事行为能力，每个民事主体也不一定都有相同的民事行为能力。自然人的民事行为能力根据年龄（智力发育程度）和精神健康状况的差异，可分为完全民事行为能力、限制民事行为能力和无民事行为能力。

（2）法人

法人是指具有民事权利能力和民事行为能力，依法独立享有民事权利和承担民事义务的组织。由此可见，法人是指按照法定程序成立，设有一定组织机构，拥有独立财产或独立经营管理财产，且能以自己的名义在社会经济活动中享有权利和承担义务，并能在法院起诉和应诉的社会组织。

法人是与自然人相对应的概念，是法律赋予社会组织具有人格的一项制度。这一制度为确立社会组织的权利、义务，便于社会组织独立承担责任提供了基础。

法人应当具备以下条件：

1）依法成立。法人不能自然产生，它的产生必须经过法定的程序。法人的设立目的和方式必须符合法律的规定，设立法人必须经过政府主管机关的批准或者核准登记。例如，企业法人经国家主管机关批准后，还应根据国务院发布的《中华人民共和国企业法人登记管理条例》的规定，经工商行政管理机关登记获准后，方能开展经济活动。

2）有必要的财产或者经费。这是法人进行民事活动的物质基础，也是法人享有经济权利和承担经济义务的先决条件。它要求法人的财产或者经费必须与法人的经营范围或者设立的目的相适应，否则不能被批准设立或者核准登记。如注册甲级监理公司注册资金为 300 万元人民币。

企业法人还必须是实行自负盈亏、独立经营与独立核算的社会组织。而工厂的车间、企业或事业单位的职能部门则不能成为法人。

3）有自己的名称、组织机构和场所。法人的名称是法人相互区别的标志和进行活动时的代号；法人的组织机构是对内管理法人事务、对外代表法人进行民事活动的机构；法人的场所是法人进行业务活动的所在地，也是确定法律管辖的依据。

4）能够独立承担民事责任。法人必须能够以自己的财产或经费承担在民事活动中的责任，在民事活动中给对方造成损失的应承担民事赔偿责任。

法人可以分为企业法人和非企业法人两大类，企业法人的设立主要以盈利为目的，如建筑施工企业等；非企业法人的设立不是以盈利为目的，主要是为社会提供相应的服务或管理，如行政法人、事业法人和社会团体法人。企业依法经工商行政管理机关核准登记后取得法人资格。有独立经费的机关从成立之日起，具有法人资格。具有法人条件的事业单位、社会团体，依法不需要办理法人登记的，从按规定程序批准成立之日起，具有法人资格；依法需要办理法人登记的，经核准登记，取得法人资格。

法人的权利能力与自然人的权利能力有所不同。就多数法人而言，它一成立即具备权利能力。需要经过核准履行登记手续的法人，在登记后才享有权利能力。法人消灭时，其权利能力同时终止。法人的权利能力的内容，以设立法人时所遵循的法律、章程中确定的目的和任务为根据，各种不同的法人不可能有相同的权利能力。

（3）其他组织

其他组织是指依法成立，但不具备法人资格，而能以自己的名义参与民事活动的经济实体或者法人的分支机构等社会组织。主要包括：法人的分支机构、不具备法人资格的联营体、合伙企业、个人独资企业、农村承包经营户等。这些组织应当是合法成立、有一定的组织机构和财产但又不具备法人资格的组织。其他组织与法人相比，其复杂性在于民事责任的承担较为复杂。

2. 合同法律关系的客体

合同法律关系的客体是合同法律主体享有的权利和承担的义务所共同指向的对象。在法律关系中，主体之间的权利义务之争总是围绕着一定的对象所展开的，没有一定的对象，也就没有权利义务之分，当然也就不会存在法律关系了。合同法律关系建立的目的，总是为了保护某种利益、获取某种利益，或分配转移某种利益。因此，合同法律关系客体所承载的利益是合同权利和民事义务联系的中介。

可以作为合同法律关系客体的有物、财产、行为、智力成果等。

（1）物

法律上的物是指可为人们控制，并具有经济价值的生产资料和消费资料，可以分为动产与不动产、流通物与限制流通物、特定物与种类物等。如建筑材料、建筑设备、建筑物等都可能成为合同法律关系的客体。

（2）财产

一般指资金及各种有价证券等。在工程建设法律关系中表现为财的客体主要是建设资金，货币作为一般等价物也是法律意义上的物，可以作为合同法律关系的客体，如借款合同等。

（3）行为

行为是指人们在主观意志支配下所实施的具体活动。在合同法律关系中，行为多表现为完成一定的工作和提供一定的劳务，如勘察设计、施工安装、加工承揽、技术开发工作、提供货物运输、仓储保管、技术咨询服务等，这些行为都可以成为合同法律关系的客体。

（4）智力成果

智力成果是通过人的智力活动所创造出来的精神成果，包括知识产权、技术秘密及在特定情况下的公知技术，如专利权、商标权、著作权、计算机软件、工程设计技术或咨询成果等。它们虽不是物质形态，但具有重要的经济价值和社会价值，一旦同社会关系相结合，便可以创造出巨大的物质财富。智力成果可有偿转让。

3. 合同法律关系的内容

合同法律关系的内容是指合同约定和法律规定的合同当事人的权利和义务。合同法律关系的内容是合同的具体要求，决定了合同法律关系的性质，它是连接主体的纽带。

权利是指当事人一方以合同约定和法律规定，有权按照自己的意志做出某种行为，或要求承担义务一方做出或不做出某种行为，以实现其合法权益。义务是指承担义务的当事人根据法律规定或依法享有权利一方当事人的合法要求，必须做出或不得做出某种行为，以保证享有权利一方实现其权益，否则要承担相应的法律责任。

1.1.3 合同法律关系的产生、变更与终止

1. 法律事实

任何合同法律关系的产生、变更、终止必须基于一定的法律事实。法律事实是能够引起合同法律关系产生、变更与终止的客观现象和事实。合同法律关系是不会自然而然地产生的，也不能仅凭法律规范规定就可在当事人之间发生具体合同法律关系，只有一定的法律事实存在，才能在当事人之间发生一定的合同法律关系，或使原来的合同法律关系发生变更或终止。

（1）合同法律关系的产生

合同法律关系的产生是指由于一定的法律事实出现，引起主体之间形成一定的权利义务关系。如承包商中标与业主签订建设工程合同，就产生了合同法律关系。

（2）合同法律关系的变更

合同法律关系的变更是指由于一定的法律事实出现，已形成的合同法律关系发生主体、客体或内容的变化。这种变化不应是主体、客体和内容全部发生变化，而仅是其中某些部分发生变化。如果全部变化则意味着原有的合同法律关系终止，新的合同法律关系产生。合同法律关系的变更不是任意的，它要受到法律的严格限制，并要严格依照法定程序进行。

（3）合同法律关系的终止

合同法律关系的终止是指由于一定的法律事实出现而引起主体之间权利义务关系的解除。引起合同法律关系终止的事实可能是合同义务履行完毕；也可能是主体的某些行为；或发生了不可抗拒的自然灾害，如发生地震或特大洪水使原定工程不能兴建，使得合同无法履行而终止；还可以是主体的消亡、停业、转产、破产、严重违约等原因。

2. 法律事实的分类

法律事实总体上可以分为两类，即事件和行为。

（1）事件

事件是指不以合同法律关系主体的主观意志为转移而发生的，能够引起合同法律关系产生、变更及终止的一种客观事实。这些客观事件的出现与否，是当事人无法预见和控制的。

事件可分为自然事件、社会事件和意外事件。

1）自然事件是指由于自然现象所引起的客观事实，如地震、水灾、台风、虫灾等破

坏性自然现象。

2）社会事件是指由于社会上发生了不以个人意志为转移的、难以预料的重大事变所形成的客观事实，如战争、暴乱、政府禁令、动乱、罢工等。

3）意外事件是指突发的、难以预料的客观事实，如爆炸、触礁、失火等。

无论是自然事件还是社会事件，抑或意外事件，它们的发生都能引起一定的法律后果，即导致合同法律关系的产生或迫使已经存在的合同法律关系发生变化。

（2）行为

行为是指合同法律关系主体有意识的活动，是以人们的意志为转移的法律事实。行为按其性质，可分为合法行为和违法行为；按实施行为人的意识状态，可分为表示行为和非表示行为；按行为状态，可分为作为和不作为。

凡行使国家法律规定或为国家法律所认可的行为即是合法行为（包括民事法律行为、司法法律行为、立法法律行为和行政行为），如在建设活动中，当事人订立合法有效的合同，产生建设工程合同关系；建设行政管理部门依法对建设活动进行的管理活动，产生建设行政管理关系。凡违反国家法律规定的行为即是违法行为（做出侵犯国家或其他法律关系主体的权利的行为），如建设工程合同当事人违约，导致建设工程合同关系的变更或者消灭。能影响合同法律关系的仅是合法行为，不包括违法行为。违法行为不能产生行为人所期待的法律后果，而引起的法律责任要受到追究。

1.2 合同法基本原理

1.2.1 合同概述

1. 合同的概念

合同又称契约，有广义与狭义之分。广义的合同，是指用以确定权利、义务为内容的协议，除民法中的合同之外，还包括行政合同、劳动合同、国际法上的国家合同。狭义的合同，将合同视为民事合同，即设立、变更、终止民事权利义务关系的协议。《合同法》采用了狭义的合同概念。该法第二条规定："本法所称合同是平等主体的自然人、法人、其他组织之间设立、变更、终止民事权利义务关系的协议。婚姻、收养、监护等有关身份关系的协议，适用其他法律的规定。"

合同的概念主要表达了三层含义：

（1）合同是平等主体之间以设立、变更、终止民事权利义务关系为目标的行为。所谓设立民事权利义务关系，是指当事人订立合同的目的是为了形成一种法律关系（如买卖关系、租赁关系），从而使合同双方能够承担由此产生的民事义务，享受因此所具有的民事权利。所谓变更民事权利义务关系，是指当事人可以通过订立合同，改变原有的民事权利义务关系。所谓终止民事权利义务关系，是指当事人或通过全面履行合同义务，或通过约定及协商达成民事权利义务关系的终结与解除。总而言之，合同是实现设立、变更、终止民事权利义务关系的载体，合同双方当事人应当以平等的地位和诚信的态度来努力实现其行为期待的目标。

（2）合同是双方当事人共同做出一致的意思表示的产物。合同其本质是一种协议，是经过双方充分协商所达成的合意。所谓合意应当具备下列四个要素：其一，必须要有两个或两个以上的当事人；其二，各当事人先从追求自身利益出发分别做出各自的意思表示；其三，当事人之间必须在平等、自愿和公正的基础上进行协商；其四，通过充分的协商，各当事人之间达成了一致的意思表示。合意的最终结果就是合同或协议书。

(3) 合同是一种民事法律行为。作为民事法律行为的合同，其关键是要求合同当事人设立、变更、终止民事权利义务关系的行为必须符合《合同法》及其相应的法律法规。只有合法的民事行为才会产生法律效力，即对合同当事人具有法律约束力——合同当事人必须依照相关合同约定，在全面履行合同义务的基础上最终实现其享有的合同权利。产生法律效力的合同往往也是法官审理合同争议或纠纷的依据，从而体现合同当事人的权益受到法律的保护。

在人们的社会经济生活中，合同是普遍存在的。在市场经济运行机制中，每发生一种社会关系，每建立一种交易关系，最平等、最自由、最安全和最有效的手段就是订立合同和履行合同。人们通过依法建立合同关系来约束合同双方当事人的行为，以便维护双方的合法权益，建立起正常有序的社会经济秩序。

2. 合同的种类

合同的分类是指依一定标准对合同所作的划分。对合同进行分类可以使人们更清楚地了解各类合同的特征、成立要件、生效条件和法律意义等，进而有助于合同当事人依法订立和履行合同，也有助于合同立法的科学化、《合同法》的正确实施以及合同理论的完善等。下面列举几种常见的分类。

(1) 有名合同与无名合同

根据法律上是否为某一合同确定一个特定的名称并设有相应规范，将合同分为有名合同与无名合同。

《合同法》分则规定的 15 种基本合同类型都是有名合同，即：买卖合同，供用电、水、气、热力合同，赠与合同，借款合同，租赁合同，融资租赁合同，承揽合同，建设工程合同，运输合同，技术合同，保管合同，仓储合同，委托合同，行纪合同，居间合同。对于这些有名合同，法律主要规范了其必要的合同要素，与有名合同相反，无名合同则是非典型的合同，是法律尚未确定名称和一定规则的合同。根据合同自愿的原则，合同当事人在不违背相关法律的前提下，可以自由决定合同的要素。一般地，当无名合同产生且经过一定的发展阶段，其基本内容和特点会趋于成形，到那时可由《合同法》给予相应的规范，使之成为有名合同。

由此可见，区分有名合同与无名合同的意义在于明确两者适用的法律规则是不同的。对于有名合同，应当直接适用《合同法》的规定，或者其他有关该合同的立法规定。对于无名合同来说，尽管目前无法律的特别规定，但它们也应适用《合同法》的一般原则，无名合同如果因其内容可能涉及有名合同的某些规则，建议它参照有名合同及当事人的合意进行对应处理。

(2) 双务合同与单务合同

根据当事人双方权利义务的分担方式划分为双务合同与单务合同。双务合同是指双方当事人互负给付义务的合同，即任一方当事人所享有的权利是另一方当事人所负有的义务，反之亦然，如建设工程合同、买卖合同、租赁合同、借款合同等。单务合同是指只有一方当事人负给付义务，另一方不负有相对义务的合同，该合同呈现出一方享有权利、另一方承担相应义务的构架。一般的赠与合同、无偿保管合同和归还原物的借用合同为典型的单务合同。

区分双务合同与单务合同的法律意义在于：首先，双务合同适用同时履行抗辩规则，即当事人在合同中未约定履行义务的先后顺序时，应推定为同时履行，双方当事人都享有同时履行抗辩权，而单务合同当事人则没有此项权利；其次，双务合同履行过程中发生不可抗力而导致当事人不能履行时，则存在风险负担问题，风险的负担按法律规定的不同，可能由债权人承担，也可能由债务人承担，而单务合同履行过程中发生的风险一律由债务人承担；最后，在双务合同中，当事人一方已按约定履行，而另一方违约时，履约方可以主张违约方继续履行或承担违约责任，必要时还可以解除合同，而单务合同不发生这种后果。

（3）有偿合同与无偿合同

根据当事人取得权利是否偿付代价，可把合同分为有偿合同与无偿合同。有偿合同是指当事人因取得权利须偿付一定代价的合同，如保险合同等。无偿合同是指当事人一方只取得权利，不偿付任何代价的合同。建设工程合同属于有偿合同。

在市场经济中，绝大部分合同都是有偿合同。区分有偿合同与无偿合同的法律意义在于：首先，承担责任轻重不同。在有偿合同中，债务人所负的注意义务程度较高；在无偿合同中则较低。例如在保管合同中，因保管人的过失导致保管物毁损灭失时，如果是有偿保管，因保管人收取了保管费，就应负全部赔偿责任；如果是无偿保管，保管人的责任就应适当减轻。其次，合同主体要求不同。签订有偿合同的当事人原则上应是完全行为能力人，限制民事行为能力人签合同须经其法定代理人同意；而无偿合同的签订无需取得法定代理人的同意。其三，当事人可否行使撤销权不同。有偿合同的债务人将其财产无偿转让给第三人损害到债权人利益时，债权人有权请求撤销此转让行为，而无偿合同则不具有此项权利。

（4）诺成合同与实践合同

根据合同的成立或生效是否以交付标的物为准，可将合同分为诺成合同与实践合同。诺成合同（不要物合同）是指当事人意思表示一致即成立的合同，如买卖合同、租赁合同、工程建设中的施工合同、监理合同等。实践合同，又称要物合同，是指除双方当事人的意思表示一致以外，尚须交付标的物或者其他给付才能成立或生效的合同。实践合同当事人的承诺属于预约，如货物运输合同、保管合同。

诺成合同是一般的合同形式，实践合同是特殊的合同形式。在现代经济活动中，大部分合同都是诺成合同。这种合同分类的目的在于确立合同的生效时间。区分诺成合同与实践合同的法律意义在于：首先，诺成合同仅以双方当事人意思表示一致为合同成立的要件，而实践合同以双方合意和标的物交付为合同成立的要件；其次，诺成合同中交付标的物是当事人的义务，若违反就产生违约责任，而实践合同中交付标的物不是当事人的义务，违反它不产生违约责任，但可构成缔约过失责任。

（5）要式合同与不要式合同

根据合同的成立或生效是否应有特定的形式将合同分为要式合同与不要式合同。要式合同是指必须根据法律规定的方式成立的合同，如《合同法》第十条第二款规定："法律、行政法规规定采用书面形式的，应当采用书面形式。"目前，非自然人之间的贷款合同、租赁期限在 6 个月以上的租赁合同、融资租赁合同、建设工程合同、技术开发合同、技术转让合同等是法定要式合同。不要式合同是指法律不要求必须具备一定形式和手续的合同。除法律特别规定以外，一般均为不要式合同。

（6）主合同与从合同

根据合同相互间的主从关系将合同划分为主合同与从合同。主合同是指不依赖其他合同存在即可独立存在的合同，如买卖合同。从合同是指不能独立存在，而以主合同的存在为前提而存在的合同，如担保合同。主合同有效，从合同就有效，主合同无效，从合同自然无效，但是，从合同是否有效不会影响主合同的效力。

1.2.2　合同法概述

1. 合同法的概念

合同法是调整平等主体的自然人、法人、其他组织之间在设立、变更、终止合同时所发生的社会关系的法律规范的总称。合同法有广义与狭义之分。狭义合同法即合同法典，在我国就是指 1999 年 3 月 15 日，第九届全国人民代表大会第二次会议通过的《中华人民共和国合同法》（以下简称《合同法》），同年 10 月 1 日该部法律开始在我国实施，原有的三部合同法（《经济合同法》《技术合同法》《涉外经济合同法》）同时废止。广义合同法则还包括其他各种法律规定中的合同规范。合同法是规范我国社会主义市场交易的基本法律，是民法的重要组成部分。

2.《合同法》的框架

《合同法》基本框架包括总则、分则、附则三部分，共 23 章 428 条。

（1）总则

对各种合同作了概括性的规定，共 8 章 129 条，主要包括：一般规定（8 条）、合同的订立（35 条）、合同的效力（16 条）、合同的履行（17 条）、合同的变更与转让（14 条）、合同的权利义务终止（16 条）、违约责任（16 条）、其他规定（7 条）。总则确立了我国合同的基本制度和基本规范，为各类具体合同的订立和履行提供了准则。

（2）分则

考虑到在实际中不同类别的合同有其特殊性，因而《合同法》在分则中列出了 15 种常见的合同并对其特殊性作了相应的规定。

（3）附则

即《合同法》的第 428 条，说明《合同法》实施的日期为 1999 年 10 月 1 日，同时废除的三部法律是《经济合同法》《涉外经济合同法》和《技术合同法》。

3.《合同法》的基本原则

《合同法》的基本原则是《合同法》的主旨和根本准则，也是制定、解释、执行和研究《合同法》的出发点。《合同法》总则第一章对《合同法》的基本原则作了明确的规定。这既是合同当事人在合同订立、效力、履行、变更与转让、终止、违约责任等以及各项分则规定的全部活动中均应遵守的基本原则，也是人民法院、仲裁机构在审理、仲裁合同纠纷时应当遵循的原则。

（1）平等原则

《合同法》第三条规定："合同当事人的法律地位平等，一方不得将自己的意志强加给另一方。"这就确立了合同双方当事人之间法律地位平等的关系，意味着双方是在权利义务对等的基础上，经过充分协商达成一致的意思表示，共同实现经济利益。

(2) 自愿原则

《合同法》第四条规定："当事人依法享有自愿订立合同的权利，任何单位和个人不得非法干预。"从本质上讲，合同就是市场主体经过自由协商，决定相互间的权利义务关系，并根据其自由意志变更或者解除相互间的关系。如前文所述，赋予市场主体进行交易的自由，是提高经济效益、发展生产力的重要因素。当今各国的合同法以及国际有关合同的公约、协定等，都明确表示合同自愿是合同法中的重要原则。

(3) 公平原则

《合同法》第五条规定："当事人应当遵循公平原则确定各方的权利和义务。"这里的公平，不是一般道德理念中的"均等"，而是指确定合同权利义务时应追求的正确性与合理性。在合同的订立和履行中，合同当事人应当正当行使合同权利和履行合同义务，兼顾他人利益，使当事人的利益能够均衡；在双务合同中，一方当事人在享有权利的同时，也要承担相应义务，取得的利益要与付出的代价相适应。

(4) 诚实信用原则

《合同法》第六条规定："当事人行使权利、履行义务应当遵循诚实信用原则。"合同是在双方诚实信用的基础上签订的，合同目标的实现必须依靠合同双方真诚地合作。如果双方缺乏诚实信用，则合同不可能顺利实施。诚实信用原则具体体现在合同签订、履行以及终止的全过程。这是市场经济活动中形成的道德规则，它要求人们在交易活动（订立和履行合同）中讲究信用，恪守诺言，诚实不欺。不论是发包人还是承包人，在行使权利时都应当充分尊重他人和社会的利益，对约定的义务要忠实地履行。具体包括：在合同订立阶段，如招标投标时，在招标文件和投标文件中应当如实说明自己和项目的情况；在合同履行阶段应当相互协作，如果发生不可抗力时，应当相互告知，并尽量减少损失。

(5) 合法原则

《合同法》要求当事人在订立及履行合同时，应当遵守法律、法规，不得扰乱社会经济秩序。只有合法合同才受国家法律的保护，违反法律的合同不受国家法律的保护。合法原则的具体内容包括以下几个方面：合同标的不得违法、合同主体不得违法、合同的形式不得违法。

(6) 公序良俗原则

公序良俗是公共秩序与善良风俗的简称。我国《民法通则》第七条和《合同法》第七条都作出规定："当事人订立履行合同，应当遵守法律、行政法规，尊重社会公德，不得扰乱社会经济秩序、损害社会公共利益。"遵守公序良俗原则是指当事人在订立合同、履行合同的过程中，除应遵守法律、行政法规的规定外，还应遵守社会公共秩序，符合社会的公共道德标准，不得危害社会公共利益。

1.2.3 合同的订立

1. 合同订立的条件

依据《合同法》第九条规定："当事人订立合同，应当具有相应的民事权利能力和民事行为能力。当事人依法可以委托代理人订立合同。"

(1) 自然人

自然人要想成为合同的主体，必须具有相应的权利能力和行为能力，尤其是民事行为能力。具有完全民事行为能力的自然人可以订立一切法律允许自然人作为合同当事人的合同。限制民事行为能力的自然人只能订立一些与自己的年龄、智力、精神状态相适应的合同，其他合同只能由法定代理人代为订立或者经法定代理人同意后订立。无民事行为能力的自然人通常不能成为合同当事人，如果要订立合同，一般只能由其法定代理人订立。

(2) 法人和其他组织

法人和其他组织一般具有订立合同的行为能力和权利能力。但由于它们在法律规定上有其特定的经营业务活动范围，所以它们在订立合同时，即使资质等级满足条件，若订立的合同内容超出其经营范围，合同也是无效的。

(3) 委托代理人订立合同

当事人除了自己订立合同外，还可以委托代理人签订合同。在委托他人代理时，应当向代理人签发授权委托书，在委托书中注明代理人的姓名或名称、代理事项、代理的权限范围、代理的有效期限、被代理人的签名盖章等内容。如果代理人超越代理权限或者无权代理，则所订立的合同无法律效力。

2. 合同的内容

合同的内容是指当事人享有的权利和承担的义务，主要以各项条款确定。合同内容由当事人约定，这是合同自由的重要体现。《合同法》规定了合同一般应当包括的条款，但具备这些条款不是合同成立的必备条件。合同的主要条款一般包括以下内容。

(1) 当事人的名称或姓名、住所

这是每个合同必须具备的条款，当事人是合同的主体，要把名称或姓名、住所规定准确、清楚。

合同主体包括自然人、法人、其他组织。自然人的姓名是指经户籍登记管理机关核准登记的正式用名。自然人的住所是指自然人有长期居住的意愿和事实的处所，即经常居住地。法人、其他组织的名称是指经登记主管机关核准登记的名称，如公司的名称以企业营业执照上的名称为准。法人和其他组织的住所是指它们的主要营业地或者主要办事机构所在地。明确合同主体对了解合同当事人的基本情况、合同的履行和确定诉讼管辖具有重要的意义。

(2) 标的

标的是当事人权利义务所共同指向的对象，即合同法律关系的客体。标的可以是物、劳务、行为、智力成果、工程项目或者货币等，只要不是法律禁止的，都可以成为标的。没有标的的合同或标的不明确的合同不能成立。所以，标的是合同的首要条款，签订合同时，标的必须明确、具体、合法。

(3) 数量

数量是衡量合同标的多少的尺度，以数字和计量单位表示。它是确定当事人权利义务范围及大小的标准，若合同中没有数量或数量的规定不明确，则合同是否完全履行就无法确定。数量应当按照国家标准或者行业标准中规定的，或者当事人共同接受的计量方法和计量单位在合同中标明，如施工合同中的数量主要体现的是工程量的多少。

(4) 质量

质量是标的的内在品质和外观形态的综合指标，如产品的品种、型号、规格、等级和工程项目的标准等。质量的高低直接影响到合同履行的质量以及价款报酬的支付数额，因此合同对质量标准的约定应当是准确而具体的，对于技术上较为复杂的和容易引起歧义的词语、标准，应当加以说明和解释。在确定合同标的的质量标准时，应当遵守国家标准或者行业标准，对于强制性的标准，当事人必须执行，合同约定的质量不得低于该强制性标准。如果当事人对合同标的的质量有特别约定时，在不违反国家标准或行业标准的前提下，可根据合同约定确定标的的质量要求。

(5) 价款或报酬

价款或报酬是指一方当事人履行义务时对方当事人以货币形式支付的代价，其中价款是取得有形标的物应支付的代价，报酬是获得服务所应支付的代价。凡是有偿合同都应有价款或报酬条款。当事人在订立合同时自由约定价款或报酬，但应遵守国家有关价格方面的法律和规定，并接受工商行政管理机关和物价管理部门的监督。

(6) 履行期限、地点和方式

履行期限是合同中规定当事人履行自己的义务的时间界限，既是一方当事人请求对方当事人履行合同义务的依据，又是判断合同是否已经得到履行和确定当事人是否违约的一个主要的标准。因此当事人在订立合同时，应尽可能将履行期限约定得明确和具体。履行期限通常表现为合同的签订期、有效期和履行期。履行期限可以有先有后，也可以同时履行。经双方协商，还可以延期履行。

履行地点是指当事人履行合同义务和对方当事人接受履行的地点，包括：标的的交付、提取地点；服务、劳务或工程项目建设的地点；价款或劳务的结算地点。履行地可以是合同当事人的任何一方所在地，也可以是第三方所在地，如发货地、交货地、提供服务地、接受服务地，具体选择由当事人协商确定。确立履行地主要是为了安全、快捷、方便地履行合同义务。

履行方式是当事人履行合同义务和对方当事人接受履行的具体做法，包括标的的交付方式和价款或酬金的结算方式。合同标的的履行方式主要有自提、送货上门、包工包料、代运、分期分批、一次性缴付、代销、上门服务等，价款或报酬的结算方式有托收承付、支票支付、现金支付、信用证支付、按月结算、预支（多退少补）、存单、实物补偿等。合同标的不同，履行方式也有所不同，即使合同标的相同，也有不同的履行方式，当事人只有在合同中明确约定合同的履行方式，才便于合同的履行。

(7) 违约责任

违约责任是指当事人不履行合同义务或履行合同义务不符合约定的，依照法律的规定或按照当事人的约定应当承担的法律责任。违约责任是为了保证合同能够顺利、完整履行而由双方自主约定的。它可以给合同各方形成压力，促使合同如约履行。承担违约责任的方式有采取补救措施、违约金、赔偿金、继续履行等。

(8) 解决争议的方法

解决争议的方法是指当事人在订立合同时约定，在合同履行过程中产生争议后，通过什么方式来解决。争议的解决主要有四种：一是当事人双方自行协商解决；二是由第三人介入进行中间调解；三是提交仲裁机构解决；四是向人民法院提起诉讼。其中，协商和调解不具有法律上的强制性，只有仲裁和司法诉讼才具有法律上的强制性。但由于仲裁、司法诉讼分属两种不同的解决争议的方法，如果当事人选择了仲裁，就不能再向人民法院起诉。如果当事人希望通过仲裁作为解决争议的最终方式，则必须在合同中约定仲裁条款，因为仲裁是以自愿为原则的。

3. 合同的形式

合同的形式是指合同双方当事人对合同的内容、条款经过协商，作出共同的意思表示的具体方式。合同的形式由合同的内容决定并为内容服务。《合同法》第十条规定："当事人订立合同，有书面形式、口头形式和其他形式。法律、行政法规规定采用书面形式的，应当采用书面形式。当事人约定采用书面形式的，应当采用书面形式。"

(1) 口头形式

口头形式是指当事人以对话方式所订立的合同。如当面交谈、电话联系等。其优点是简单、快捷，有益于商品流转，因而这种形式在民事活动中被大量采用。如集贸市场的现货交易、商店里的零售买卖都是采用口头形式进行的。但口头形式的缺点是发生争议后很难举证，不易分清当事人的责任。所以一般用于数额较小的交易或现款交易，那些合同标的额较大的、履行期较长的、合同关系较复杂的合同不宜采用这种形式。

(2) 书面形式

书面形式是指合同书、信件和数据电文（包括电报、电传、传真、电子数据交换和电子邮件）等可以有形地表现当事人之间所订合同内容的形式。书面形式的优点是当事人之间产生纠纷时举证方便，同时也便于法院或仲裁机构审判或裁决。因此对于价款或者酬金数额较大的合同，履行期较长的合同，或者合同当事人关系比较复杂的合同，当事人应当采用书面合同形式。

书面形式有一般书面形式和特殊书面形式。一般书面形式即用文字表述合同内容的合同形式。特殊书面形式是指当事人除了用文字方式表现合同内容外，还必须按法律规定或当事人约定办理特定手续的合同，如进行公证、审批、登记等特殊程序。

(3) 其他形式

其他形式是指用除书面形式、口头形式以外的方式来表现合同内容的形式，一般包括推定和默示进行意思表示。

推定是指当事人用语言以外的有目的、有法律意义的积极活动来表达他的意志。例如，供应合同期满后，供方依然按照原合同规定的数量供货，需方没表示异议且接受货物并付款，这就可以推定双方已经取得关于延长原有合同的协议，或者可以推定在当事人之间形成了一个不定期的供应合同。

默示是指当事人没有进行任何积极行为，而以沉默表示自己的意思。但在这里需要注意的是，默示只有在法律有明文规定或在习惯上已为大家所承认的情况下，才具有法律意义，才能看作是合同订立的一种方式。如在施工合同的索赔程序中，法律规定，工程师在收到当事人的索赔报告后28天之内应作出答复，如未作答复，视为该项索赔已经认可。

4. 合同订立的程序

合同订立的程序是指当事人双方通过对合同条款进行协商达成协议的过程。《合同法》第十三条规定："当事人订立合同，采取要约、承诺方式。"订立合同的过程就是双方当事人采用要约和承诺方式进行协商的过程。往往一方提出要约，另一方以此提出新要约，反复多次，最后有一方完全接受了对方的要约，这样才能使合同得以成立。

(1) 要约

1) 要约的概念

要约也称为发价、发盘、报价、出盘等，是一方当事人希望和他人订立合同的意思表示，即指合同当事人一方向另一方提出订立合同的要求，并列明合同的条款，以及限定其在一定期限内作出承诺的意思表示。提出要约的一方为要约人，接受要约的一方为受要约人。

要约应当符合下列规定：

① 要约是特定的当事人的意思表示。要约人应是特定的人；他人即是受要约人，可以是特定的一人，也可以是特定的数人。

② 要约的目的是与他人订立合同。要约人发出要约的目的是为了订立合同，即在受要约人承诺时合同即可成立。凡是不是以订立合同为目的而进行的行为，尽管表达了要约人的真实意思，但不是要约。是否以订立合同为目的，是区别要约与要约邀请的主要标志。

③ 要约的内容应当具体确定。所谓具体是指要约包含的合同内容应当完整、具体，应当包含《合同法》所规定的合同的主要条款。所谓确定是指要约所包含的合同内容应当明确，不得含糊，受要约人据此就能确定要约人想要订立什么样的合同。只有包含了合同的主要条款，受要约人才能一经承诺，合同即告成立，否则，受要约人无从承诺，即使承诺，合同也因缺乏主要条款而不能成立。

④ 表明经受要约人承诺，要约人即受该意思表示约束，即要约是具有法律约束力的。要约人在要约有效期间要受自己要约的约束，并负有与作出承诺的受要约人签订合同的义务。要约一经要约人发出，并经受要约人承诺，合同即告成立。

应当注意，要约人提出要约，受要约人可能有以下应对方式：第一，作出承诺而使合同成立；第二，提出新要约；第三，予以拒绝。

2）要约邀请

要约邀请又称要约引诱，是希望他人向自己发出要约的意思表示，其目的在于邀请对方向自己发出要约，它并不是合同成立过程中的必经过程，它是当事人订立合同的预备行为，在法律上一般无须承担责任。这种意思表示的内容往往不确定，不含有合同得以成立的主要内容，也不含相对人同意后受其约束的表示。寄送的价目表、拍卖公告、招标公告、招股说明书、商业广告等为要约邀请。当然，如果商业广告的内容符合要约规定的，也视为要约。

3）要约生效

要约到达受要约人时生效。要约自生效时起对要约人产生约束力，要约人不得随意撤回或撤销，或者对要约加以限制、变更和扩张，从而保护受要约人的合法权益，维护交易安全。但是为了适应市场交易的实际需要，法律允许要约人在受要约人承诺前有限度地撤回、撤销要约或者变更要约的内容。

口头要约自受要约人了解时方能生效，书面要约到达受要约人所能控制的地方方能生效。《合同法》第十六条规定："采用数据电文形式订立合同，收件人指定特定系统接收数据电文的，该数据电文进入该特定系统的时间，视为到达时间；未指定特定系统的，该数据电文进入收件人的任何系统的首次时间，视为到达时间。"

4）要约撤回与撤销

要约撤回是指要约尚未生效时，要约人欲使其不发生法律效力而取消要约的意思表示。根据《合同法》第十七条的规定:“要约可以撤回,撤回要约的通知应当在要约到达受要约人之前或者与要约同时到达受要约人。”要约因撤回而不发生效力。

要约撤销是指要约生效后,要约人欲使其丧失法律效力而取消要约的意思表示。虽然要约生效后对要约人有约束力,但是,在特殊情况下,如要约本身存在缺陷和错误、发生了不可抗力、外部环境发生变化等,为了保护要约人的利益,在不损害受要约人利益的前提下,要约是可以被允许撤销的。根据《合同法》第十八条规定,要约人撤销要约的通知应当在受要约人发出承诺通知之前到达受要约人。要约在被撤销之后,不再对要约人有约束力。为了保护受要约人的正当权益,对要约的撤销应当有所限制,《合同法》第十九条规定,有下列情形之一的,要约不得撤销:①要约人确定了承诺期限或者以其他形式明示要约不可撤销;②受要约人有理由认为要约是不可撤销的,并已经为履行合同作了准备工作。

5)要约失效

《合同法》第二十条规定,在合同订立过程中有下列情形之一的,要约失效:①拒绝要约的通知到达要约人;②要约人依法撤销要约;③承诺期限届满,受要约人未作出承诺;④受要约人对要约的内容作出实质性变更。

(2)承诺

1)承诺的概念

承诺是受要约人同意要约的全部条件的意思表示。承诺意味着合同成立,意味着在当事人之间形成了合同关系。

2)承诺的条件

承诺必须具有以下条件,才能产生法律效力:

① 承诺必须由受要约人作出。即只有受要约人才能作出承诺。第三人不是受要约人,不能接受承诺,第三人向要约人作出承诺,视为发出要约。

② 承诺只能向要约人作出。因为承诺是受要约人愿意按照要约人要约的全部内容与要约人订立合同的意思表示,所以承诺只能向要约人作出。

③ 承诺的内容应当与要约的内容一致。承诺的内容应当与要约的内容一致是指承诺的内容应与要约的实质性内容一致。所谓实质性内容是指要约所表达的合同的主要条款,包括合同的标的、数量、质量、价款或报酬、履行期限、履行地点和方式、违约责任和解决争议的方法等。根据《合同法》第三十条和第三十一条的规定,受要约人对要约的内容作出实质性变更的,应视为新要约,而不是承诺。受要约人对要约的内容作出非实质性变更的,除要约人及时表示反对或者要约表明承诺不得对要约的内容作出任何变更的以外,该承诺有效,合同的内容以承诺的内容为准。

④ 承诺必须在承诺期限内发出。如果要约规定了承诺期限,则应该在规定的承诺期限内作出;如果没有规定期限,则应当在合理期限内作出。受要约人超过承诺期限发出承诺的,除要约人及时通知受要约人该承诺有效的以外,视为新要约。如果受要约人在承诺期限内发出承诺,按照通常情形能够及时到达要约人,但因其他原因承诺到达要约人时超过承诺期限的,除要约人及时通知受要约人承诺超过期限不接受该承诺的以外,该承诺有效。如果要约已经失效,对失效的要约作出的承诺,视为向要约人发出要约,不能产生承诺的法律效力。

3）承诺的方式、期限、生效

① 承诺的方式是指受要约人通过何种形式将承诺的意思送达要约人。如果要约中明确规定承诺必须采取何种形式作出，则受要约人必须按照规定发出承诺。如果要约没有对承诺方式作出特别规定，根据《合同法》第二十二条的规定，受要约人可以采用以下方式作出承诺：

其一，通知。通知是指受要约人以口头形式或书面形式明确告知要约人完全接受要约内容作出的意思表示。

其二，行为。行为是指承诺人依照交易习惯或者要约条款能够使要约人确认承诺人接受要约内容作出的意思表示。

② 承诺期限实际上是受要约人资格的存续期限，在该期限内受要约人具有承诺资格，可以向要约人发出具有约束力的承诺。《合同法》第二十三条规定："承诺应当在要约确定的期限内到达要约人。"要约没有确定承诺期限的，承诺应当依照下列规定到达：①要约以对话方式作出的，应当即时作出承诺，但当事人另有约定的除外；②要约以非对话方式作出的，承诺应当在合理期限内到达。此处"合理期限"要根据要约发出的客观情况和交易习惯确定，应当注意双方的利益平衡。

③ 承诺的生效时间是指承诺何时发生法律约束力。《合同法》第二十六条规定："承诺通知到达要约人时生效。承诺不需要通知的，根据交易习惯或者要约的要求作出承诺的行为时生效。采用数据电文形式订立合同的，承诺到达时间的确定方式与确定要约到达时间的方式相同。"《合同法》第二十四条规定："要约以信件或者电报作出的，承诺期限自信件载明的日期或者电报交发之日开始计算。信件未载明日期的，自投寄该信件的邮戳日期开始计算。要约以电话、传真等快速通讯方式作出的，承诺期限自要约到达受要约人时开始计算。"

4）承诺的撤回、超期和延迟

① 承诺的撤回是指承诺人主观上欲阻止或者消灭承诺发生法律效力的意思表示。承诺可以撤回，撤回承诺的通知应当在承诺通知到达要约人之前或者与承诺通知同时到达要约人。承诺生效之后合同即成立，如果允许撤销承诺，无异于允许撕毁合同，因此，承诺不得撤销。

② 承诺的超期，即承诺的迟到，是指受要约人超过承诺期限而作出的承诺。《合同法》第二十八条规定："受要约人超过承诺期限发出承诺的，除要约人及时通知受要约人该承诺有效的以外，为新要约。"承诺应当在承诺的期限内发出并到达，否则不能构成承诺，而只能构成新要约。

③ 承诺的延迟是指受要约人在承诺期限内发出承诺，按照通常情形能够及时到达要约人，但因其他原因承诺到达要约人时超过承诺期限的情况。《合同法》第二十九条规定："受要约人在承诺期限内发出承诺，按照通常情形能够及时到达要约人，但因其他原因承诺到达要约人时超过承诺期限的，除要约人及时通知受要约人因承诺超过期限不接受该承诺的以外，该承诺有效。"

（3）合同的成立

合同成立是当事人订立合同所追求的目标。合同的成立即意味着当事人的意思表示已经达成了一致。《合同法》第二十五条规定："承诺生效时合同成立。"承诺生效是合同成立的实质要件，也是判断合同成立时间的标准。

合同成立的时间是指双方当事人的磋商过程结束，达成共同意思表示的时间界限。《合同法》第三十二条和第三十三条规定："当事人采用合同书形式订立合同的，自双方当事人签字或者盖章时合同成立。当事人采用信件、数据电文等形式订立合同的，可以在合同成立之前要求签订确认书。签订确认书时合同成立。"

合同成立的地点是指当事人经过对合同内容的磋商，最终意思表示一致的地点。《合同法》第三十四条和第三十五条规定："承诺生效的地点为合同成立的地点，采用数据电文形式订立合同的，收件人的主营业地为合同成立的地点；没有主营业地的，其经常居住地为合同成立的地点。当事人另有约定的，按照其约定。当事人采用合同书形式订立合同的，双方当事人签字或者盖章的地点为合同成立的地点。"

（4）缔约过失责任

1）缔约过失责任的概念

缔约过失责任是指在合同订立过程中，一方当事人违反诚实信用原则的要求，因自己的过失而引起合同不成立、无效或被撤销而给对方造成损失时所应当承担的损害赔偿责任。现实生活中确实存在由于过失给当事人造成损失但合同尚未成立的情况，缔约过失责任的规定能够解决这种情况的责任承担问题。如在工程建设的招标投标过程中，招标人下达了中标通知书，而中标人不与招标人签订合同，则中标人应当承担缔约过失责任。

2）缔约过失责任的构成要件

缔约过失责任是针对合同尚未成立时应当承担的责任，其成立必须具备一定的要件，否则将极大地损害当事人协商订立合同的积极性。

① 缔结合同的当事人违反先合同义务。根据诚实信用原则的要求，在合同订立过程中，应当承担先合同义务，包括使用方法的告知义务、瑕疵先知义务、重要事实告知义务、协作与照顾义务等。

② 缔约当事人有过错。当事人在合同订立过程中有过错，包括故意行为和过失行为。

③ 缔约一方受有损失。损害事实是构成民事赔偿责任的首要条件，如果没有损害事实的存在，也就不存在损害赔偿责任。缔约过失责任的损失是一种信赖利益的损失，即缔约人信赖合同有效成立，但由于合同不成立、无效或被撤销等而造成的损失。

④ 缔约当事人的过错行为与该损失之间有因果关系。缔约当事人的过错行为与该损失之间有因果关系，即该损失是由违反先合同义务引起的。

3）承担缔约过失责任的情形

① 假借订立合同，恶意进行磋商。恶意磋商是指一方没有订立合同的诚意，假借订立合同与对方磋商而导致另一方遭受损失的行为。如甲施工企业知悉自己的竞争对手在协商与乙企业联合投标，为了与对手竞争，遂与乙企业谈判联合投标事宜，在谈判中故意拖延时间，使竞争对手失去与乙企业联合的机会，之后宣布谈判终止，致使乙企业遭受重大损失。

② 故意隐瞒与订立合同有关的重要事实或提供虚假情况。故意隐瞒重要事实或者提供虚假情况是指对涉及合同成立与否的事实予以隐瞒或者提供与事实不符的情况而引诱对方订立合同的行为。如代理人隐瞒无权代理这一事实而与相对人进行磋商；施工企业不具有相应的资质等级而谎称具有；故意隐瞒标的物的瑕疵等。

③ 有其他违背诚实信用原则的行为。其他违背诚实信用原则的行为主要指当事人违反了通知、保护、说明等义务。

④ 违反缔约中的保密义务。当事人在订立合同过程中知悉的商业秘密，无论合同是否成立，均不得泄露或者不正当使用。泄露或者不正当使用该商业秘密给对方造成损失的，应当承担损害赔偿责任。

在上述几种情况下，一方必须是给另一方造成损失的，才应负缔约过失责任。

缔约过失责任不同于合同违约责任，缔约过失责任发生在合同订立过程中，合同尚未成立，或虽成立但被确认无效或者撤销；而合同违约责任发生在合同成立和生效以后。

1.3 合同的效力

1.3.1 合同的生效

1. 合同生效的概念

合同生效是指已经成立的合同在当事人之间产生了一定的法律约束力，即通常所说的法律效力。《合同法》第四十四条规定："依法成立的合同，自成立时生效。"

尽管合法的合同一旦成立便产生效力，但合同成立与合同生效仍然是两个不同的概念。合同成立是指双方当事人就合同的内容进行协商并达成一致意见，但合同成立只是解决了当事人之间是否存在合意的问题，并不意味着已经成立的合同都能产生法律约束力，若不符合法律规定的生效要件，即使合同已经成立仍不能产生法律效力。

合法合同从合同成立时即具有法律效力，而违法合同虽然成立但不会产生法律效力，因此，合同成立后并不是必然生效的。

2. 合同的生效要件

合同成立后，必须具备一定的生效要件才能产生法律约束力，否则合同是无效的。合同能否生效，主要看是否具备下列条件：

(1) 当事人具有相应的民事权利能力和民事行为能力。完全民事行为能力人可以订立一切法律允许自然人作为合同主体的合同。法人和其他组织的权利能力就是它们的经营、活动范围，民事行为能力则与它们的权利能力相一致。

(2) 意思表示真实。含有意思表示不真实的合同不能取得法律效力。如建设工程合同的订立，一方采用欺诈、胁迫的手段订立的合同就是意思表示不真实的合同，这样的合同就欠缺生效的条件。

(3) 不违反法律或者社会公共利益。不违反法律是指不违反法律和行政法规的强制性规定；不违反社会公共利益是指不违反公序良俗。

3. 合同的生效时间

根据《合同法》的规定，依法成立的合同自成立时生效，也就是依法成立的合同的生效时间一般与合同的成立时间相同。如果法律、行政法规规定应当办理批准、登记等手续生效的，自批准、登记时生效。

当事人对合同的效力可以约定附条件或给定附期限的，自条件成就或者期限届至时合同生效。附生效条件的合同，自条件成就时生效；附解除条件的合同，自条件成就时失效。当事人为自己的利益不正当地阻止条件成就的，视为条件已成就；不正当地促成条件成就的，视为条件不成就。附生效期限的合同，自期限届至时生效；附终止期限的合同，自期限届满时失效。

1.3.2　效力待定合同

效力待定合同是指合同虽然已经成立，但因其不完全具备生效的要件，因此其是否生效尚不能确定的合同，这类合同经权利人追认方可自始有效，若权利人拒绝则合同无效。合同效力待定主要有以下几种情况。

（1）限制民事行为能力人订立的合同

限制民事行为能力人是指 10 周岁以上不满 18 周岁的未成年人，以及不能完全辨认自己行为的精神病人。限制民事行为能力人订立的合同经法定代理人追认后，该合同有效，但纯获利益的合同或者与其年龄、智力、精神健康状况相适应而订立的合同，不必经法定代理人追认。

相对人可以催告法定代理人在一个月内予以追认，法定代理人未作表示的，视为拒绝。合同被追认前，善意相对人有撤销的权利，撤销应当以通知的方式作出。

（2）无权代理订立的合同

无权代理订立的合同主要包括行为人没有代理权、超越代理权或者代理权终止后以被代理人的名义订立的合同，根据《合同法》第四十八条和四十九条的规定，这类合同未经被代理人追认，对被代理人不发生效力，由行为人承担责任。相对人可以催告被代理人在一个月内予以追认，被代理人未作表示的，视为拒绝。合同被追认前，善意相对人有撤销的权利，撤销应当以通知的方式作出。但是，相对人有理由相信行为人有代理权的，该代理行为有效。

法人或者其他组织的法定代表人、负责人超越权限订立的合同，除相对人知道或者应当知道其超越权限的以外，该代表行为有效。

（3）无处分权的人处分他人财产的合同

这类合同是指无处分权的人以自己的名义对他人的财产进行处分而订立的合同，一般情况下这类合同是无效的。但《合同法》第五十一条规定："无处分权的人处分他人财产，经权利人追认或者无处分权的人订立合同后取得处分权的，该合同有效。"

1.3.3　无效合同

无效合同是指当事人违反了法律规定的条件而订立的，国家不承认其效力，不给予法律保护的合同。无效合同从订立时就不具有法律效力。无效合同的确认权归人民法院或者仲裁机构，其他任何机关均无权确认合同无效。

根据《合同法》第五十二条的规定，有下列情形之一的，合同无效：

① 一方以欺诈、胁迫的手段订立合同，损害国家利益。"欺诈"是指一方当事人故意告知对方虚假情况，或者故意隐瞒无视真实情况，诱使对方当事人作出错误意思表示的行为。如施工企业伪造资质等级证书与发包人签订施工合同。"胁迫"是以给自然人及其亲友的生命、健康、荣誉、名誉、财产等造成损害或者以给法人的荣誉、名誉、财产等造成损害为要挟，迫使对方作出违背真实意思表示的行为。如材料供应商以败坏施工企业名誉为要挟，迫使施工企业与其订立材料买卖合同。以欺诈、胁迫的手段订立合同，如果损害国家利益，则合同无效。

② 恶意串通，损害国家、集体或者第三人利益。如在建设工程招标投标中投标人之

间串通或招标人与投标人串通损害到国家、集体或第三人利益的，其订立的合同是无效的。

③ 以合法形式掩盖非法目的。这是指从表面上看当事人之间订立合同是合法的，但双方订立合同的目的却是非法的，如通过合法的赠与合同转移财产、逃避债务的履行等。

④ 损害社会公共利益。如果合同违反了公共秩序和公序良俗，就损害了社会公共利益，这样的合同也是无效的。

⑤ 违反法律、行政法规的强制性规定。如建设工程的质量标准是《标准化法》《建筑法》规定的强制性标准，如果建设工程合同当事人约定的质量低于国家标准，则该合同是无效的。

合同部分无效，不影响其他部分效力的，其他部分仍然有效。《合同法》规定，合同中的下列免责条款无效：造成对方人身伤害的；因故意或者重大过失造成对方财产损失的。这样的规定仅是指条款无效，并不影响合同其他条款的效力，也不影响整个合同的效力。同样，合同无效不影响合同中独立存在的有关解决争议的方法的条款的效力。

合同被确认无效后，因该合同取得的财产，应当予以返还；不能返还或者没有必要返还的，应当折价补偿。有过错的一方应当赔偿对方因此所受到的损失，双方都有过错的，应当各自承担相应的责任。当事人恶意串通，损害国家、集体或者第三人利益的，因此取得的财产收归国家所有或者返还集体、第三人。

1.3.4 可撤销合同

可撤销合同是指欠缺一定的合同生效条件，但一方当事人可依照自己的意思使合同的内容得以变更或者使合同的效力归于消灭的合同。可撤销合同不同于无效合同，当事人提出请求是合同被变更、撤销的前提。当事人如果只要求变更，人民法院或者仲裁机构不得撤销其合同。

根据《合同法》第五十四条的规定，下列合同，当事人一方有权请求人民法院或者仲裁机构变更或撤销：① 因重大误解订立的；② 在订立合同时显失公平的。

此外，一方以欺诈、胁迫的手段或者乘人之危，使对方在违背真实意思的情况下订立的合同，受损害方有权请求人民法院或者仲裁机构变更或者撤销。

由于可撤销合同只涉及当事人意思表示不真实的问题，因此法律对撤销权的行使有一定的限制。《合同法》第五十五条规定，有下列情形之一的，撤销权消灭：① 具有撤销权的当事人自知道或者应当知道撤销事由之日起一年内没有行使撤销权；② 具有撤销权的当事人知道撤销事由后明确表示或者以自己的行为放弃撤销权。

合同被撤销后的法律后果与合同无效的法律后果相同。

1.4 合同的履行

合同的履行是指合同生效以后，合同当事人依照合同的约定，全面、适当地履行自己的义务，享受各自的权利，使各方的目的得以实现的行为。合同的履行是合同当事人订立合同的根本目的。

1.4.1　合同履行的原则

1. 全面履行原则

全面履行是指合同当事人按照合同约定全面履行自己的义务，包括履行义务的主体、标的、数量、质量、价款或者报酬，以及履行的期限、地点、方式等，都应严格按照合同的约定全面履行。

《合同法》第六十一条规定："合同生效后，当事人就质量、价款或者报酬、履行地点等内容没有约定或者约定不明确的，可以协议补充；不能达成补充协议的，按照合同有关条款或者交易习惯确定。"如果按照上述办法仍不能确定合同如何履行的，可以按照《合同法》第六十二条和第六十三条的规定履行。

（1）质量要求不明确的，按照国家标准、行业标准履行；没有国家标准、行业标准的，按照通常标准或者符合合同目的的特定标准履行。

（2）价款或者报酬不明确的，按照订立合同时履行地的市场价格履行；依法应当执行政府定价或者政府指导价的，按照规定履行。合同在履行中既可能是按照市场行情给定价格，也可能执行政府定价或政府指导价。如果是按照市场行情给定价格履行，则市场行情的波动不影响合同价，合同仍执行原价格。执行政府定价或者政府指导价的，在合同约定的交付期限内政府价格调整时，按照交付时的价格计价。逾期交付标的物的，遇价格上涨时，按照原价格执行；价格下降时，按照新价格执行。逾期提取标的物或者逾期付款的，遇价格上涨时，按照新价格执行；价格下降时，按照原价格执行。

（3）履行地点不明确，给付货币的，在接受货币一方所在地履行；交付不动产的，在不动产所在地履行；其他标的，在履行义务一方所在地履行。

（4）履行期限不明确的，债务人可以随时履行，债权人也可以随时要求履行，但应当给对方必要的准备时间。

（5）履行方式不明确的，按照有利于实现合同目的的方式履行。

（6）履行费用的负担不明确的，由履行义务一方负担。

2. 诚实信用原则

诚实信用原则是我国《民法通则》的基本原则，也是《合同法》的一项十分重要的原则。它贯穿于合同的订立、履行、变更、终止等全过程。因此，当事人在订立合同时要诚实、守信，要善意，在履行合同时双方要互相协作，根据合同的性质、目的和交易习惯履行通知、协助、保密等义务，这样合同才能圆满履行。

1.4.2　合同履行中的抗辩权

抗辩权是指在双务合同中，一方当事人有依法对抗对方要求或否认对方权力主张的权力。双务合同中的当事人互为债权人和债务人。

抗辩权的行使只是在一定的期限内中止履行合同，并不消灭合同的履行效力，产生抗辩权的原因消失后，债务人仍应履行其债务。这种权利对于抗辩权人而言是一种保护，目的是免除其履行义务后得不到对方履行的风险。

1. 同时履行抗辩权

当事人互负债务，没有先后履行顺序的，应当同时履行。同时履行抗辩权包括：一方在对方履行之前有权拒绝其履行要求；一方在对方履行债务不符合约定时，有权拒绝其相应的履行要求。如施工合同中期付款时，对承包人施工质量不合格部分，发包人有权拒付该部分的工程款；如果发包人拖欠工程款，则承包人可以放慢施工进度，甚至停止施工。产生的后果，由违约方承担。

同时履行抗辩权的适用条件是：

（1）由同一双务合同产生互负债务；

（2）合同中未约定履行的顺序，即当事人应当同时履行债务；

（3）对方当事人没有履行债务或者没有正确履行债务；

（4）对方当事人没有全面履行合同债务的能力。如果对方所负债务已经没有履行的可能，即同时履行的目的已不可能实现时，则不发生同时履行抗辩权问题，当事人可依照法律规定解除合同。

2. 后履行抗辩权

后履行抗辩权也包括两种情况：当事人互负债务，有先后履行顺序的，应当先履行的一方未履行时，后履行的一方有权拒绝其对本方的履行要求；应当先履行的一方履行债务不符合规定的，后履行的一方也有权拒绝其相应的履行要求。如材料供应合同按照约定应由供货方先行交付订购的材料后，采购方再行付款结算，若合同履行过程中供货方交付的材料质量不符合约定的标准，采购方有权拒付货款。

后履行抗辩权应满足的条件为：

（1）由同一双务合同产生互负债务；

（2）合同中约定了履行的顺序；

（3）应当先履行的合同当事人没有履行债务或者没有正确履行债务；

（4）应当先履行一方当事人没有全面履行合同债务的能力。

3. 不安抗辩权

不安抗辩权也称终止履行，是指合同中约定了履行的顺序，合同成立后发生了应当后履行合同一方财务状况恶化的情况，应当先履行合同一方在对方未履行或者提供担保前有权拒绝先履行。

《合同法》第六十八条规定，应当先履行合同的一方有确切证据证明对方有下列情形之一的，可以中止履行：

①经营状况严重恶化；②转移财产、抽逃资金，以逃避债务的；③丧失商业信誉；④有丧失或者可能丧失履行债务能力的其他情形。

因此，不安抗辩权应满足的条件为：

（1）由同一双务合同产生互负债务，且合同中约定了履行的顺序；

（2）先履行一方当事人的债务履行期限已届，而后履行一方当事人履行期限未届；

（3）后履行一方当事人丧失或者可能丧失履行债务的能力，证据确切；

（4）合同中未约定担保。

1.4.3 合同不当履行的处理

1. 因债权人致使债务人履行困难的处理

合同生效后，当事人不得因姓名、名称的变更或因法定代表人、负责人、承办人的变动而不履行合同义务。债权人分立、合并或者变更住所应当通知债务人。如果没有通知债务人，会使债务人不知向谁履行债务或者不知在何地履行债务，致使履行债务发生困难。出现这些情况，债务人可以中止履行或者将标的物提存。

中止履行是指债务人暂时停止合同的履行或者延期履行合同。提存是指由于债权人的原因致使债务人无法向其交付标的物，债务人可以将标的物交给有关机关保存以此消灭合同的制度。

2. 提前履行或者部分履行的处理

提前履行是指债务人在合同规定的履行期限到来之前就开始履行自己的义务。部分履行是指债务人没有按照合同约定履行全部义务而只履行了自己的一部分义务。提前履行或者部分履行都会给债权人行使权力带来困难或者增加费用。

债权人可以拒绝债务人提前或部分履行债务，由此增加的费用由债务人承担。但不损害债权人利益且债权人同意的情况除外。

3. 合同不当履行中的保全措施

为了防止债务人的财产不适当减少而给债权人带来危害，《合同法》允许债权人为保全其债权的实现采取保全措施。保全措施包括代位权和撤销权。

（1）代位权

代位权是指因债务人怠于行使其到期债权，对债权人造成损害，债权人可以向人民法院请求以自己的名义代位行使债务人的债权。债权人依照《合同法》规定提起代位权诉讼，应当符合下列条件：①债权人对债务人的债权合法；②债务人怠于行使其到期债权，会对债权人造成损害；③债务人的债权已到期；④债务人的债权不是专属于债务人自身的债权；⑤代位权的行使范围以债权人的债权为限；⑥债权人行使代位权的必要费用，由债务人负担。

（2）撤销权

因债务人放弃其到期债权或者无偿转让财产，对债权人造成损害的，债权人可以请求人民法院撤销债务人的行为。债务人以明显不合理的低价转让财产，对债权人造成损害，并且受让人知道该情形的，债权人也可以请求人民法院撤销债务人的行为。当债权人行使撤销权，人民法院依法撤销债务人行为，导致债务人的行为自始无效的，第三人因此取得的财产，应当返还给债务人。

撤销权的行使范围以债权人的债权为限。债权人行使撤销权的必要费用，由债务人负担。撤销权自债权人知道或者应当知道撤销事由之日起一年内行使。自债务人的行为发生之日起五年内没有行使撤销权的，该撤销权消灭。

1.5　合同的变更、转让和终止

1.5.1　合同的变更

此处的合同变更仅指狭义的合同变更，其是指有效成立的合同在尚未履行或未履行完毕之前，由于一定法律事实的出现而使合同内容发生改变。如增加或减少标的物的数量、推迟原定履行期限、变更交付地点或方式等。

按照《合同法》的基本原理，合同一经有效成立即具有法律效力，当事人不得擅自对合同内容加以改变。但是，这并不意味着在任何情况下法律都一概不允许变更合同。根据合同自由的原则，当事人如果协商一致自愿变更合同内容，法律一般不对此作硬性禁止。合同尚未履行或尚未履行完毕之前，如果由于客观情况的变化，使得继续按照原合同约定履行会造成不公平的后果，因此变更原合同条款，调整债权债务的内容是十分有必要的。

《合同法》第七十七条规定，当事人协商一致，可以变更合同。因此，当事人变更合同的方式类似于订立合同的方式，要经过提议和接受两个步骤。要求变更合同的一方首先提出建议，明确变更的内容，以及变更合同引起的后果处理；另一当事人对变更表示接受。这样，双方当事人对合同的变更达成协议。一般来说，书面形式的合同，变更协议也应采用书面形式。

1.5.2 合同的转让

合同转让是指合同当事人一方依法将其合同的权利和义务全部或部分地转让给第三人。合同的转让是广义的合同的变更。从广义上讲，只要债的三要素中有任何一个要素发生变更，都被认为是债的变更。而狭义债的变更仅指债的内容变更，而债的主体变更称为债的转移或合同的转让。合同转让按照其转让的权利义务的不同，可分为合同权利的转让、合同义务的转让及合同权利义务一并转让三种形态。

1. 合同权利的转让

合同权利的转让也称债权让与，是合同当事人将合同中的权利全部或部分转让给第三方的行为。转让合同权利的当事人称为让与人，接受转让的第三人称为受让人。

(1) 债权人转让权利的条件

债权人转让权利的，应当通知债务人；

未经通知，该转让对债务人不发生效力；

除非受让人同意，否则债权人转让权利的通知不得撤销。

(2) 不得转让的情形

《合同法》第七十九条规定不得转让的情形包括以下三种：①根据合同性质不得转让；②按照当事人约定不得转让；③依照法律规定不得转让。

2. 合同义务的转让

合同义务的转让也称债务转让，是债务人将合同的义务全部或部分地转移给第三人的行为。《合同法》第八十四条规定了债务人转让合同义务的条件："债务人将合同的义务全部或者部分转移给第三人的，应当经债权人同意。"

3. 合同权利和义务一并转让

合同权利义务一并转让是指当事人一方将债权债务一并转让给第三人，由第三人接受这些债权债务的行为。《合同法》第八十八条规定："当事人一方经对方同意，可以将自己在合同中的权利和义务一并转让给第三人。"

建设工程项目总承包人或勘察、设计、施工承包人经发包人同意，可以将自己承包的部分工作交由第三人完成。第三人就其完成的工作成果与总承包人或勘察、设计、施工承包人向发包人承担连带责任。

1.5.3 合同的终止

合同权利义务的终止简称合同终止，是指因一定事由的产生或出现而使合同权利义务归于消灭，合同关系在客观上不复存在。合同关系反映财产流转关系，其本身性质决定它不能永久存续，是一种动态关系，有着从发生到消灭的过程。如果合同债权永续存在，债务人就将无限期的承担积极给付责任，如此使债务人长期蒙受不利和负担的约束，对债务人来讲是不公平的，因此合同的终止是必然要发生的。

1. 合同终止的情形

《合同法》第九十一条规定，合同的权利义务由于下列情形终止：①债务已经按照约定履行；②合同解除；③债务相互抵销；④债务人依法将标的物提存；⑤债权人免除债务；⑥债权债务同归于一人；⑦法律规定或者当事人约定终止的其他情形。

2. 合同解除

合同生效后，当事人一方不得擅自解除合同。但在履行过程中，有时会产生某些特定情况，应当允许解除合同。《合同法》规定合同解除有两种情况，分别为协议解除和法定解除。

(1) 协议解除

当事人双方通过协议可以解除原合同规定的权利和义务关系。当事人协商一致，可以解除合同。当事人可以约定一方解除合同的条件。解除合同的条件成就时，解除权人可以解除合同。

(2) 法定解除

合同成立后，没有履行或者没有完全履行以前，当事人一方可以行使法定解除权使合同终止。《合同法》第九十四条规定，有下列情形之一的，当事人可以解除合同：①因不可抗力致使不能实现合同目的；②在履行期限届满之前，当事人一方明确表示或者以自己的行为表明不履行主要债务；③当事人一方迟延履行主要债务，经催告后在合理期限内仍未履行；④当事人一方迟延履行债务或者有其他违约行为致使不能实现合同目的；⑤法律规定的其他情形。

当事人依法主张解除合同的，应当通知对方。合同自通知到达对方时解除。对方有异议的，可以请求人民法院或者仲裁机构确认解除合同的效力。

关于合同解除的法律后果，《合同法》第九十七条规定："合同解除后，尚未履行的，终止履行；已经履行的，根据履行情况和合同性质，当事人可以要求恢复原状、采取其他补救措施，并有权要求赔偿损失。"

3. 合同后义务

合同终止后，虽然合同当事人的合同权利义务关系不复存在了，但合同责任并不一定消灭，因此，合同中结算和清理条款不因合同的终止而终止，仍然有效。

1.6 合同违约责任及争议处理

1.6.1 合同违约责任

违约责任是指合同当事人违反合同约定、不履行义务或者履行义务不符合约定所承担的责任。《合同法》第一百零七条规定："当事人一方不履行非合同义务或者履行合同义务不符合约定的，应当承担继续履行、采取补救措施或者赔偿损失等违约责任"。

1. 继续履行

继续履行合同要求违约人按照合同的约定，切实履行所承担的合同义务。包括两种情况：一是债权人要求债务人按合同的约定履行合同；二是债权人向法院提出起诉，由法院判决强迫违约方具体履行其合同义务；当事人违反金钱债务，一般不能免除其继续履行的义务；当事人违反非金钱债务的，除法律规定不适用继续履行的情形外，也不能免除其继续履行的义务。当事人一方不履行非金钱债务或者履行非金钱债务不符合规定的，对方可以要求履行，但有下列规定之一的情形除外：

（1）法律上或者事实上不能履行；

（2）债务的标的不适合强制履行或者履行费用过高；

（3）债权人在合理期限内未要求履行。

2. 采取补救措施

采取补救措施是指在当事人违反合同后，为防止损失发生或者扩大，由其依照法律或者合同约定而采取的修理、更换、退货、减少价款或者报酬等措施。采用这一违约责任的方式，主要是在发生质量不符合约定的时候。《合同法》规定，质量不符合约定的，应当按照当事人的约定承担违约责任。对违约责任没有约定或者约定不明确，依照《合同法》的规定仍不能确定的，受损害方根据标的的性质以及损失的大小，可以合理选择要求对方承担修理、更换、退货、减少价款或报酬等违约责任。

3. 赔偿损失

当事人一方不履行合同义务或者履行合同义务不符合约定的，给对方造成损失的，应当赔偿对方的损失。损失赔偿额应当相当于因违约所造成的损失，包括合同履行后可以获得的利益，但不得超过违反合同一方订立合同时预见或应当预见到的因违反合同可能造成的损失。这种方式是承担违约责任的主要方式。因为违约一般都会给当事人造成损失，赔偿损失是守约者避免损失的有效方式。

当事人一方不履行合同义务或履行合同义务不符合约定的，在履行义务或采取补救措施后，对方还有其他损失的，应承担赔偿责任。当事人一方违约后，对方应当采取适当措施防止损失的扩大，没有采取措施致使损失扩大的，不得就扩大的损失请求赔偿。当事人因防止损失扩大而支出的合理费用，由违约方承担。

4. 支付违约金

违约金是指按照当事人的约定或者法律直接规定，一方当事人违约时，应向另一方支付的金钱。违约金的标的物是金钱，也可约定为其他财产。

（1）当事人可以约定一方违约时应当根据违约情况向对方支付一定数额的违约金，也可以约定因违约产生的损失赔偿额的计算方法。在合同实施中，只要一方有不履行合同的行为，就得按合同规定向另一方支付违约金，而不管违约行为是否造成对方损失。

（2）违约金同时具有补偿性和惩罚性。《合同法》第一百一十四条规定，约定的违约金低于违反合同所造成的损失的，当事人可以请求人民法院或者仲裁机构予以增加；若约定的违约金过分高于所造成的损失，当事人可以请求人民法院或者仲裁机构予以减少。

5. 定金

当事人可以约定一方向对方给付定金作为债权的担保。债务人履行债务后，定金应当抵作价款或收回。给付定金的一方不履行约定债务的，无权要求返还定金；收受定金的一方不履行约定债务的，应当双倍返还定金。

当事人既约定违约金，又约定定金的，一方违约时，对方可以选择适用违约金或定金条款。但是，这两种违约责任不能合并使用。

1.6.2　合同争议处理

1. 合同争议的概念

合同争议是指当事人双方对合同订立和履行情况以及不履行合同的后果所产生的纠纷。对合同订立产生的争议，一般是对合同是否成立及合同的效力产生分歧；对合同履行情况产生的争议，往往是对合同是否履行或者是否已按合同约定履行产生的异议；而对不履行合同的后果产生的争议，则是对没有履行合同或者没有完全履行合同的责任应由哪方承担和如何承担而产生的纠纷。选择适当的解决方式，及时解决合同争议，不仅关系到维护当事人的合同利益和避免损失的扩大，而且对维护社会经济秩序也有重要作用。

2. 合同争议处理方式

合同争议的解决通常有如下几种处理方式。

（1）和解

和解是指争议的合同当事人，依据有关的法律规定和合同约定，在互谅互让的基础上，经过谈判和磋商，自愿对争议事项达成协议，从而解决合同争议的一种方法。和解的特点在于无须第三者介入，简便易行，能及时解决争议，并有利于双方的协作和合同的继续履行。但由于和解必须以双方自愿为前提，因此，当双方分歧严重，及一方或双方不愿协商解决争议时，和解方式往往受到局限。

（2）调解

调解是指争议当事人在第三方的主持下，通过其劝说引导，在互谅互让的基础上自愿达成协议以解决合同争议的一种方式。调解也是以公平合理、自愿等为原则。调解解决合同争议可以不伤和气，使双方当事人互相谅解，有利于促进合作。但这种方式受当事人自愿的局限，如果当事人不愿调解，或调解不成时，则应及时采取仲裁或诉讼以最终解决合同争议。

（3）仲裁

仲裁是指发生争议的双方当事人，根据其在争议发生前或争议发生后所达成的协议，自愿将该争议提交中立的第三者进行裁判的争议解决制度和方式。仲裁具有自愿性、专业性、灵活性、保密性、快捷性、经济性和独立性等特点。

当事人采用仲裁方式解决纠纷的，应当双方自愿达成仲裁协议。仲裁协议应采用书面形式。没有仲裁协议，一方申请仲裁的，仲裁委员会不予受理。当事人达成仲裁协议，一方向人民法院起诉的，人民法院不予受理，但仲裁协议无效的除外。仲裁委员会应当由当事人协议选定。仲裁不实行级别管辖和地域管辖。

仲裁协议的内容包括：

1）请求仲裁必须是双方当事人共同的意思表示，必须是双方协商一致的基础上真实意思的表示，必须是有利害关系的双方当事人的意思表示；

2）仲裁事项提交仲裁的争议范围；

3）选定的仲裁委员会。

仲裁实行一裁终局制度。裁决做出后，当事人应当履行裁决。一方当事人不履行的，另一方当事人可以依照民事诉讼法的有关规定向人民法院申请执行。

（4）诉讼

诉讼作为一种合同争议的解决方法，是指人民法院在当事人和其他诉讼参与人参加下，审理和解决民事案件的活动。当事人双方产生合同争议，又未达成有效仲裁协议的，任何一方都可以向有管辖权的人民法院起诉。与其他解决合同争议的方式相比，诉讼是最有效的一种方式，之所以如此，首先是因为诉讼由国家审判机关依法进行审理裁判，最具权威性；其次，判决发生法律效力后，以国家强制力保证判决的执行。

需要指出的是，仲裁和诉讼这两种争议解决的方式只能选择其中一种，当事人可以根据实际情况进行选择。

1.7 案例分析

【案例 1-1】某水泥厂向某建筑公司发出了一份本厂所生产的各种型号水泥性能的广告，你认为该广告是要约还是要约邀请?

【参考答案】

不一定，需要看具体的条件。如果该广告上仅仅写明了各种型号水泥的价格，而没有其他的内容，则该广告属于要约邀请；而如果该广告的内容不仅包含各种型号的水泥的性能，同时还包括合同的一般条款，也即只要建筑公司同意，双方就可以按照该广告上面的内容完成水泥的采购，则该广告就不再视为要约邀请了，而要视为要约。

【案例 1-2】2018 年 8 月 8 日，某建筑公司向某水泥厂发出了一份购买水泥的要约。要约中明确规定，承诺期限为 2018 年 8 月 12 日 12：00。为了保证工作的快捷，要约中同时约定了采用电子邮件方式作出承诺并提供了电子信箱。水泥厂接到要约后经过研究，同意出售给建筑公司水泥。水泥厂于 2018 年 8 月 12 日 11：30 给建筑公司发出了同意出售水泥的电子邮件。但是，由于建筑公司所在地区的网络出现故障，直到当天下午 15：30 才收到邮件。你认为该承诺是否有效?

【参考答案】

该承诺是否有效由建筑公司决定。

根据《合同法》，采用数据电文形式订立合同的，收件人指定特定系统接收数据电文的，该数据电文进入该特定系统的时间，视为到达时间。同时，《合同法》第二十九条规定："受要约人在承诺期限内发出承诺，按照通常情形能够及时到达要约人，但因其他原因承诺到达要约人时超过承诺期限的，除要约人及时通知受要约人因承诺超过期限不接受该承诺的以外，该承诺有效。"

水泥厂于 2018 年 8 月 12 日 11：30 发出电子邮件，正常情况下，建筑公司即时即可收到承诺，但是却由于外界原因而没有在承诺期限内收到承诺。此时，根据《合同法》第二十九条，建筑公司可以承认该承诺的效力，也可以不承认。如果不承认该承诺的效力，就要及时通知水泥厂。若不及时通知，就视为已经承认该承诺的效力。

本章小结

合同的订立要遵循合法、平等、自愿、公平、诚实信用的原则，订立合同需要经过要约和承诺两个阶段。本章主要对建设工程合同的概念、法律关系、合同法的基本原理、合同的效力、合同的履行等内容作了重点阐述。对合同不当履行的处理、合同的变更、转让和终止等内容进行了分析，最后介绍了合同违约责任和合同争议的处理方式。

思考与练习题

1. 合同法律关系的主体包括哪些?
2. 法人应具备哪些条件?
3. 法律事实可以分为哪些?
4.《合同法》的基本原则是什么?
5. 什么是要约?
6. 合同生效的要件有哪些?

第 2 章　建设工程合同风险管理

本章要点及学习目标

本章对工程合同风险与建设工程项目风险的概念和表现形式做了概述，并对工程项目风险管理的主要过程：风险识别、风险分析与评估、风险控制与决策分别进行了阐述。需要学生认识到建设工程项目管理是公认的“风险事业”，了解承包商面临的合同风险要比业主大，明确施工合同风险防范是争取项目盈利的迫切需要。

2.1　工程合同风险概述

2.1.1　风险的概念及内涵

1. 风险的概念

目前关于风险的定义很多，但人们研究的问题不同。风险是客观存在的，而且是一把双刃剑，它会给我们带来一定的机遇，同时也会带来一定的损失。经济学家、统计学家、决策理论家以及保险学者之间对风险的定义和看法并不完全相同，较为典型的有以下几种：

（1）风险是在特定的客观情况下，在特定的期间，某种损失发生的不确定性。损失是非故意、非计划和非预期的经济价值的减少。该定义将风险定义为损失机会，表明风险是一种面临损失的可能状况，也表明风险是在一定状况下的概率度。

（2）风险是活动或事件消极的、人们不希望的后果发生的潜在可能性。这种潜在的可能性又分为主观的潜在可能性和客观的潜在可能性。主观的潜在可能性与个体的知识、经验、精神和心理状态有关，是个人对客观风险的评估。客观的潜在可能性可以使用统计学工具进行度量，是实际结果与预期结果之间的离差。

（3）风险是一个系统造成失败的可能性和由这种失败而导致的损失或后果。

（4）风险是实际结果偏离预期结果的概率。保险学中将风险定义为一个事件的实际结果偏离预期结果的客观概率，也就是风险发生的实际结果与预期结果间的差异。实际结果与预期结果的偏差中，如果两种结果基本一致，则没有发生损失；如果实际结果小于预期结果，则为负收益；如果实际结果大于预期结果，则为正收益。

从上述风险定义中可以看出，风险是一种随机现象。风险的不确定性总体表现为两个方面：一方面，风险可能会带来损失，例如地震等自然灾害造成的损失；另一方面，风险也有可能带来收益。在一定的情况下，运用恰当的手段进行适时管理，风险也可以给人们带来利益。

2. 风险的特征

（1）无形性

风险是不能具体并准确的被描述出来的，而且在生产发展的过程中，我们对风险何时发生、如何发生没有具体准确地把握。

（2）突发性

发生风险之前往往没有任何征兆，风险往往发生的比较突然。由于出乎人们的意料，人们面对突发事件的措手不及会增大风险的破坏性。

（3）客观性

风险是客观存在的，它不会因为人的意志而消除。风险的客观性要求人们必须承认和正视，并采取积极的态度认真对待，尽可能地减少其带来的损失。

（4）可变性

风险的客观存在会根据环境的改变而发生变化。它存在于企业发展、工程施工的各个阶段，不同阶段风险的内容也会有所不同。

（5）可预测性和可防性

风险虽然是客观存在的，但却是可以预测的。人们可以使用概率、系统理论分析等科学方法，加之丰富的工作经验，对风险进行一定的预测，降低风险带来的损失；还可以利用风险可能带来的新机遇，增加经济效益。

（6）利益与损失的双重性

风险往往会导致损失，这需要当事人必须采取措施，尽量减少或避免损失。风险的发生虽然会带来损失，但也隐含着巨大的盈利机会。风险越大，盈利机会越大，反之则越小，这是风险的报酬效应。由于利益的驱动，当事人往往甘冒风险，但如果风险代价太大或决策者小心慎重时，往往就会对风险采取回避行动，这就是风险的约束效应。这两个方面的效应同时存在，同时发生作用，且相互矛盾和抵消。因此，业主或承包商应及时抓住可能盈利的机会，主动而不是被动地接受风险，争取以较小的风险，争取更大的收益。

2.1.2　工程合同风险的概念及内涵

1. 工程合同风险的概念

合同是工程项目实施和管理的重要手段和工具，工程在建设过程中需要签订一系列的工程施工合同，并在施工过程中要遵守合同的约定，按照合同要求履行合同内容。工程建设项目作为集合了经济、技术、管理、组织各方面的综合性社会活动，在各个方面都存在不确定性。因此，建设项目比一般的产品生产具有更大的风险。建设项目自身的独特性、冲突性、利益多元性、工程复杂性和多变性，决定了项目的不确定性及不稳定性，导致了风险产生的不可避免性，这是合同双方必须共同承担的。合同法律风险是指在合同订立、生效、履行、变更和转让、终止及违约责任承担的合同管理过程中，合同当事人一方或双方利益损害或损失的可能性。

2. 工程合同风险的类型

（1）政治风险

政治风险是指由于政治因素可能给业主和承包商带来的风险，是业主与承包商最难以承受的最大风险之一。由于这类风险难以预测，往往会使承包商蒙受巨大损失。政治风险主要包括以下几种：

1）政治局势的风险。例如政局的不稳定、战争状态、社会动乱、罢工、政变等。主要表现特征是：建设现场遭受战争破坏，无法继续施工；工程延期导致工程成本增加；承包商为保护生命财产增加额外开支等。

2）政策与法律的变更。例如国家调整税率或增加新税种、出台新的外汇管理政策等。

3）社会治安与风气的风险。例如我国的海外石油工程项目大多集中在社会治安混乱、气候条件恶劣的偏远油田地区，生活环境相对恶劣。

4）发包国政府的国际信誉。国际信誉是指别国对发包国战略及其相关政策贯彻彻底与否的整体评价。信誉风险侧重于从利益相关者对行为主体的信用和名声产生怀疑而导致的风险。

5）国际交往关系。在不同时代和世界格局背景下，政府间国际组织的作用易受到成员国的制约，国际组织内部的成员关系也会限制国际组织发挥作用。

（2）经济风险

经济风险主要涉及工程付款方面的问题，包括：

1）外汇风险。例如风险储备、汇率变化以及外汇垄断等。

2）市场上的价格竞争风险。例如商品价格的稳定性、国内外市场价格对比等。

3）业主的商业信誉与经济状况风险。例如业主的支付能力差，甚至无力支付工程款。

4）承包商的商业信誉与经济状况风险。例如资金供应不足，周转困难等。

5）发包方国家经济政策的变化风险。例如国家经济发展状况发生变化，产业结构调整，外贸业务及通货膨胀速度加快等。

（3）技术风险

技术风险主要表现在：

1）技术规范不合理，或要求高。

2）现代工程规模大、结构复杂、功能要求高，施工技术难度大或需要新工艺、新技术以及特殊的施工设备。

3）现场施工难度大、条件复杂、干扰因素多。

4）承包商的技术力量、施工力量、装备水平、工程管理水平不足，在投标报价和工程实施过程中出现失误，例如技术设计、施工方案和组织措施存在缺陷和漏洞，计划不周，报价失误。

5）施工计划方案或组织措施有缺陷或不合理。

6）国际工程中会出现对当地法律、语言不熟悉，对技术文件、工程说明和规范理解不正确等现象。

（4）自然风险

自然风险是指工程所处的地理环境和可能遇见的自然灾害，以及人力不可抗拒的人为或非人为事件，主要包括气候条件、环境条件、自然灾害、灾害事故等。

3. 工程合同风险的分配原则

（1）效率原则

按照合同的效率原则，合同风险分配应从工程整体效益的角度出发，最大限度地发挥双方的积极性。风险的分配必须有利于项目目标的成功实现。从这个角度出发分配风险的原则是：

1）谁能最有效、合理地（有能力和经验）预测、防止和控制风险，或能够有效地降低风险损失，或能将风险转移给塔器方面，则应由他承担相应的风险责任。

2）承担者控制相关风险是经济的，即能够以最低的成本来承担风险损失，同时他的管理风险成本、自我防范和市场保险费用最低。

3）承担者采取的风险措施是有效的、方便的、可行的。

4）从项目整体来说，风险承担者的风险损失应低于其他方因风险得到的收益，在收益方赔偿损失方的损失后仍然获利，这样的分配是合理的。

5）通过风险分配，加强责任，能更好地计划、控制和发挥双方管理和技术革新的积极性等。

（2）公平合理，责权利平衡

对工程合同来说，风险分配必须符合公平原则。它具体体现在：

1）承包商承担的风险与业主支付的价格之间应体现公平。合同价格中应该有合理的风险准备金。

2）风险责任与权力之间应平衡。风险作为一项责任，它应当与权力相平衡。任何一方有一项风险责任则必须有相应的权利；反之有一项权力，就必须有相应的风险责任。合同应防止单方面权力或单方面义务条款。例如承包商负责起草合同条款，那么承包商就要对工程技术方案承担相应的风险责任，其有权决定并采取更加经济、合理的方案。

3）风险责任与机会对等，即风险承担者同时应能享有风险控制获得的收益和机会收益。例如承包商承担工期风险，拖延要支付违约金；反之若工期提前应有奖励。如果承包商承担物价上涨的风险，则物价下跌带来的收益也应归他所有。

4）承担的可能性和合理性，即要给风险承担者以风险预测、计划、控制的条件和可能性，不鼓励承包商冒险和投机。风险承担者应能最有效地控制导致风险的事件，能够通过一些手段（例如分包或保险）转移风险；一旦风险发生，能进行有效的处理；能够通过风险责任发挥其计划、工程控制的积极性和创造性；风险的损失能够由于其作用而减少。例如承包商承担施工方案风险，那么业主就应当为承包商制定方案提供合理的时间、详尽的工程技术资料和环境资料等。

（3）能够保障工程整体效益，最大限度地发挥双方的积极性

风险的分配必须要保障项目的成功和整体效益，在分配风险时应尽量做到以下几点：

1）谁能更有效地预见、处理和控制风险，或者能够有效降低风险损失，或者可以将风险转移给其他方面，则应当由那一方承担相应的风险责任。

2）风险承担者应能以最低的成本承担风险损失，即以最低的代价有效方便地管理风险。

3）通过风险分配加强各方责任，只有每个参加者都承担一定的风险责任，才会促使他提高对风险控制的积极性，更好地推动项目的良性运作。

（4）符合工程惯例

工程惯例一般比较公平合理，能够较好地反映双方的要求。而且合同双方对惯例都比较熟悉，能够保障工程的顺利实施。

按照惯例，承包商应承担的风险有：对业主提供的招标文件的理解风险，环境调查风险；报价的完备性和正确性风险；施工方案的安全性、正确性、完备性、效率的风险；材料和设备采购的风险；自己的分包商、供应商、雇用的工作人员的风险；工程进度和质量风险等。

业主承担的风险有：招标文件及所提供资料的正确性的风险；工程量变动、合同缺陷

风险；国家经济、政策、法律变更风险；不可抗力作用风险；有经验的承包商不能预测的情况的风险；业主雇用的监理工程师和其他承包商的风险等。

4. 工程合同风险的主要表现形式

建设工程施工合同风险的客观存在是由合同特殊性、合同履行的不稳定性、长期性、多样性、复杂性以及建筑工程的特点决定的。常见的建设工程合同风险有以下几种。

(1) 发包人（业主）的资信风险

发包人（业主）的资信风险主要是指发包人能否按照合同约定履行自己的义务，包括发包人项目手续的合法性、业主能否按照合同约定支付工程进度款、工程结算款，发包人是否是项目的真正业主以及发包人既往履约情况等。目前我国的建筑市场仍属于买房市场，使得一些业主在签订合同的时候，常常附加一些不平等条款，赋予自己种种不应有的权利，而对施工企业只强调其应履行的义务，不提及其应享有的权利。在合同的履行过程中，由于业主信誉较差或经济情况发生变化等原因，拖欠或拒绝支付工程款的，往往会给承包商带来很大的损失。

(2) 外界环境的风险

外界环境的风险实际是建设工程合同的客观风险，包括天灾人祸、市场波动、国家政策和法律的变化等。如钢材、商品混凝土、沥青等主要材料的市场价格变动；国家政策和法律发生变化等。这些风险是法律法规、合同条件以及国际惯例规定的，其风险责任是合同双方都无法回避的，例如 FIDIC 条款规定工程变更在 15%的合同金额的，承包商得不到补偿。索赔事件发生后的 28 天内，承包商须提出索赔意向通知等，因此，这类风险可归类为工程变更风险、市场价格风险、时效风险等。

(3) 不同合同类型确定的风险

按照不同的计价方式，工程建设合同可以分为：总价合同、单价合同和成本加酬金合同。不同的合同类型决定了业主和施工企业之间承担风险的不同分配方式。一般情况下，签订成本加酬金合同对于施工企业来说承担的风险最小，其次是单价合同，施工企业签订总价合同所承担的风险最大。

(4) 合同条款标准不明确带来的风险

工程项目的单件性、生产和技术复杂性，决定了工程合同的复杂性。合同中涉及许多标准和细节问题，例如合同条款不全面、不完整，没有将合同双方的责任权利关系表达清楚，没有充分估计到合同履行过程中可能发生的各种情况；还有就是合同内容表达不清楚、不严密、有矛盾和二义性等，造成合同双方对于合同的理解有差异。例如在有些合同中出现“发生重大设计变更可追加款额”，但对于什么是重大设计变更并没有给出准确界定，一旦发生上述情况，业主往往任意曲解，给承包商造成一定损失。

(5) 工程款支付约定中的风险

工程价款的支付可分为四个阶段：工程预付款、工程进度款、最终结算款和保留金。在合同实施过程中，工程进度款的支付是甲乙双方矛盾存在的焦点，进度款的拖欠或提前支付都会给双方带来一定的风险。

5. 工程合同风险产生的原因

建设工程合同风险的产生是由信息不完全导致合同不完备，进而产生道德风险从而引发的。

(1) 建筑企业产权制度不清

企业产权的清晰界定和财产的明确归属是合同信用产生和发展的前提。在建筑市场中，产权制度不清是导致合同信用缺失和建立不起合同信用制度的一个重要原因。因此，只有建立归属清晰、产权明确、保障有力、有效的现代产权制度，才能形成良好的市场秩序和健康发展的合同信用关系。

(2) 建筑企业的寻租行为

建筑企业的寻租行为是指建筑企业以各种合法的、政治的、非法的、经济的手段从当权者的某种特权中取得直接的非生产性利润的活动。由于建设工程具有环节多、工期长等特点，使得建筑企业的寻租行为频频产生，这也是导致建设工程合同产生风险的原因。

(3) 建设工程合同双方信息不对称

信息不对称是指建设工程合同一方拥有而另一方不拥有的信息。当建设工程合同签约时，双方掌握相同的信息，但签约后，可能会出现合同一方掌握而另一方没有掌握的信息，从而使得信息优势方利用信息优势做出损害合同对方的行为，这被称为道德风险。在建筑行业，建设单位和施工单位都有可能产生道德风险。建设单位的道德风险表现为拖欠工程款、不合理地占用对方的合同资源，使得合同对方可能出现资金周转困难等；施工单位的道德风险主要表现为建设工程因施工单位原因而导致工期拖延等。

(4) 建设工程合同的不完全性

在建筑市场中，由于建设工程的复杂性，使得建设工程合同无论制定的多详细，都不可能考虑到建设工程所遇到的所有问题。因此，使得建设工程合同具有不完全性。建设工程合同的不完全性，给合同违约行为提供了机会，使得合同受害方只能通过法律诉讼来解决，这种方式会消耗企业大量的时间和精力。

2.2 工程合同风险的识别评价与应对

合同是建筑工程实施的基础，把握好合同中的安全问题，准确识别合同中的风险因素，是进行风险控制、保证工程安全的重要开端。施工合同风险是指在施工合同的签订、履行、变更直至终结整个过程中不确定因素可能引起损失的风险。工程建设项目建设过程中存在着风险，管理者的任务就是防范、化解与控制这些风险，使之对项目目标产生的负面影响最小。要做好风险的处置，首先需要了解风险，了解其产生的原因及其后果，这样才能有的放矢地进行处置。

风险识别是风险管理的第一步，也是风险管理的基础。风险识别是指通过相应方法和手段，识别出合同管理过程中可能遇到的（面临的、潜在的）所有风险源和风险因素，既包括潜在负面影响的事项，也包括那些代表机会可能的事项。通过分析影响工程合同管理的风险因素，就可以有效确定会对工程合同造成影响的主要事项。在具体识别过程中，既要识别出主体层次的事项，也要识别出活动层次的事项，不但要避免过去发生的风险重新发生，而且要做好未来可能发生风险的防范工作。

2.2.1 工程合同风险识别

1. 风险识别步骤

(1) 项目状态的分析

这是一个将项目原始状态与可能状态进行比较及分析的过程。项目原始状态是指项目立项、可行性研究及建设计划中的预想状态，是一种比较理想化的状态；可能状态则是基于现实、基于变化的一种估计。理解项目原始状态是识别项目风险的基础。只有深刻理解了项目的原始状态，才能正确认定项目执行过程中可能发生的状态变化，进而分析状态的变化可能导致的项目目标的不确定性。

（2）对项目进行结构分解

通过对项目的结构分解，能够比较容易地辨认出存在风险的环节和子项。

（3）历史资料分析

通过分析以前类似项目情况的历史资料，有助于识别目前项目的潜在风险。

（4）确认不确定性的客观存在

风险管理者不仅要辨识所发现或推测的因素是否存在不确定性，而且要确认这种不确定性是客观存在的，只有符合这两个条件的因素才可以视作风险。

（5）建立风险清单

如果已经确认了是风险，就需要将这些风险一一列出，建立一个关于本项目的风险清单。开列风险清单必须做到科学、客观、全面，尤其是不能遗漏主要风险。例如在合同法律风险识别中，可以采用业务流程法，依次在合同招标投标、合同订立和合同履行三个主要环节识别出 13 个风险点，详见表 2-1。

合同法律风险列表 **表 2-1**

环节	项目	内容
招标投标风险	招标投标合法性风险	按照国家法律、法规及公司有关规定，应招标项目而未进行招标
		未按国家法律、法规及公司有关规定的程序进行招标投标活动
	招标投标规范性风险	未按照招标投标文件确定的规则评标、定标
		招标行为不规范，暗箱操作，泄露标底或其他投标人的商业秘密
	投标人风险	投标人相互串通（串标）
	评标专家风险	评标专家库管理不规范、评委选择机制不科学
合同	合同相对人风险	合同相对人在资格、资信、资质、能力等方面存在瑕疵
签订风险	书面签约风险	未按规定签订书面合同或已实际履行完毕后补签的书面合同
	合同审查风险	合同未按规定进行审查或审查流于形式
	合同文本风险	合同内容不明确、条款不齐备，或合同标准文体使用范围、覆盖面不够，缺少对具体交易事项的约定，合同文本质量不高
	代理风险	签约人未经授权，超越授权范围或授权终止后擅自对外签约
合同履行风险	履行风险	交易双方或其中一方未按合同约定履行合同或未适当履行合同
		在合同履行过程中，不能及时正确行使法律赋予的相关抗辩权利
	变更风险	未按法律或合同约定变更数量、价格、履行地点、履行时间、履行方式等
	解除风险	未按法律或合同约定方式行使单方解除权或协议解除合同
	纠纷风险	对合同履行的争议纠纷，未按照法律或合同约定追究相对人的违约责任

2. 风险识别方法

工程项目风险识别的方法分为两种：专家调查法和分析法。专家调查法主要是依靠专家的经验、知识储备来进行识别的，包括头脑风暴法和德尔菲法，其通过采访交谈，将所研究领域专家的专业理论知识与丰富的调研经验综合，寻找可能的风险因素并对其进行归纳分析。专家调查法的优势在于数据及其他资源较为缺乏时，能够对风险进行定量分析，其劣势在于客观度会有所偏颇。

（1）头脑风暴法

头脑风暴法又称智力激励法，是一种激发创造性思维的方法，它通过小型会议的组织形式，让参加者在自由愉快、畅所欲言的氛围中，自由地交流观点，通过互动方式激发每位参与者的灵感，以创造性思维来索求和展望未来信息的直观预测和识别方法，从而能够产生更多的观点或创意。它要求专家会议的主持者，在开始发言时就能激发专家们的思维，促使专家们感到需要也有责任回答所提出的问题，并通过专家相互间的启发和意见交换，从而诱发“思维共鸣”，产生“组合效应”，以此来获取更多有效信息，使预测和识别的结果更加准确。

头脑风暴法的优点主要在于：①畅所欲言，没有顾虑，更能够激发讨论者建议建言，献计献策的积极性；②集体参与，能够相互借鉴、取长补短从而实现个体的自我完善；③团队互动能够提供更多的可行方案，从而能够找到解决问题的有效方法。缺点是：①对组织者协调水平要求高；②辨识出的结果容易产生异议、分歧和争论；③在专业权威面前可能出现选择妥协或沉默的情况，从而导致识别结果偏离。风险较少和进度要求高的项目适合使用此方法。

（2）德尔菲法

德尔菲法由美国兰德公司提出，又称专家规定程序调查法。德尔菲法依靠专家的才略对风险进行辨识。由项目风险小组先按照一定前提拟定调查表，选定适宜数量项目相关领域的专家，建立直接的函询征集意见，并加以综合整理，再反馈给各位专家再次征集意见，在函询期间，专家之间不发生直接的讨论和交流。如此反复经历几轮反馈，使专家的意见趋向一致，最后获得具有很高准确率的集体判断结果，作为最终识别的依据。这种方法具有匿名性和反馈性，实用性比较强，适用范围广，得出的结果较为准确，且持不同意见的专家之间互相不知道对方，容易表达出真实思想和提出好的建议。但缺点是需要消耗较多时间和精力。

2.2.2 工程合同风险分析与评价

风险分析与评价的主要作用是充分了解合同过程中可能遇到的风险，以便确定风险的可容忍性和可接受性，并制定出相应的应对策略。《ISO31000 风险管理原理与指南》中明确提出，风险分析主要包括以下三个内容：①确定已经识别出的风险事件的结果以及发生风险的概率；②考虑现有风险防范措施的效果；③根据风险发生的概率和结果，确定风险水平。

1. 风险分析方法

风险分析法主要包括 WBS 方法、概率树分析、决策树分析、层次分析法等，根据项目规律及经验对项目进行分解和细化，进而对项目风险因素进行整理归类。分析法的优势在于在同样需要进行工作分解、编制资源计划的其他项目管理过程中同样适用，如成本管理过程，因此在风险识别过程中对项目进行分解分析能够使得后期项目管理过程更有效率；劣势在于处理较为复杂或大型的建筑工程项目时，分析过程过于繁杂，需要耗费更多时间及精力。

(1) WBS方法

WBS (Work Breakdown Structure)，即工作分解结构是一种全面地、系统地分析工程项目的有效方法，是项目目标系统管理和过程控制的理论支柱之一。WBS方法是指以可交付成果为导向的工作层级分解，创建工作分解结构的过程就是把项目可交付成果和项目工作分解成较小的、更易于管理的组成部分的过程。但是，WBS方法也存在一定的缺陷：WBS所有定义的活动都是父出于工作包，而每个工作包也都父出于更上一层次，这样的"父子类分"形式，使得后面的活动只从属于上层工作包或者"父项"，而活动（具体工作）之间的关系被疏忽。WBS可以由树形的层次结构图或者行首缩进的表格表示。树型结构图的WBS层次清晰、非常直观、结构性很强，但不是很容易修改。图2-1为WBS树形结构图。

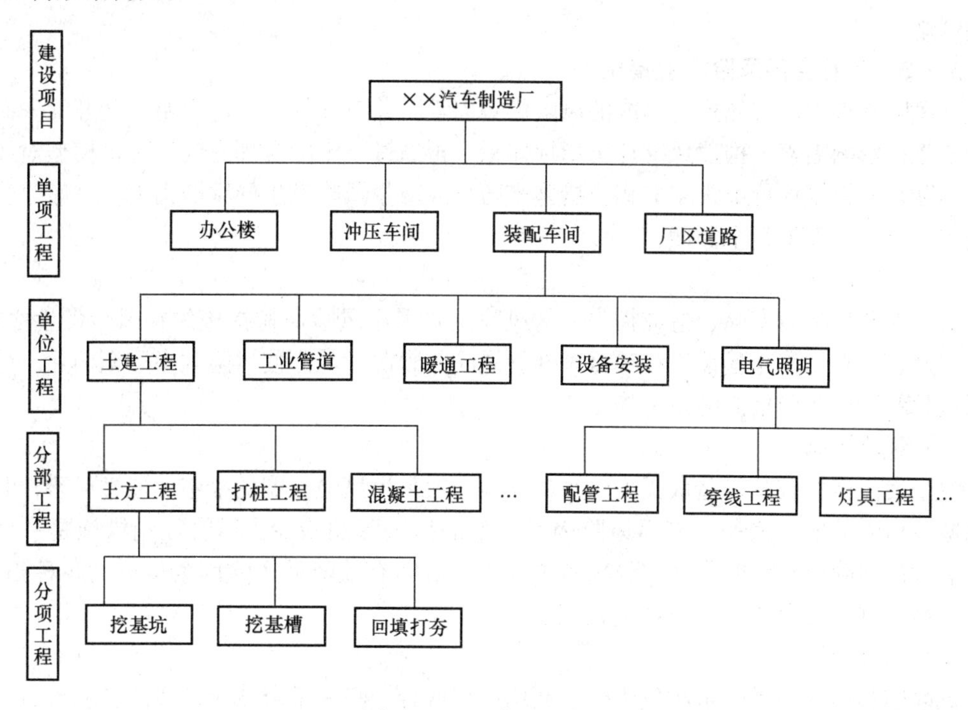

图2-1 WBS树形结构图

(2) 概率树分析

概率树分析是借助现代计算技术，运用概率论和数理统计原理，对风险因素的概率分布进行定量计算的分析方法。采用概率树分析方法求得风险因素取值的概率分布，并计算期望值、方差或标准差和离散系数，表明项目的风险程度。

(3) 决策树分析

决策树 (Decision Tree) 是在已知各种情况发生概率的基础上，通过构成决策树来求取净现值的期望值大于等于零的概率，据此评价项目风险，判断其可行性的决策分析方法。决策树是一个预测模型，它代表的是对象属性与对象值之间的一种映射关系，其中每个内部节点表示一个属性上的测试，每个分支代表一个测试输出，每个叶节点代表一种类别。

（4）层次分析法

层次分析法（Analytic Hierarchy Process）简称 AHP，在 20 世纪 70 年代初期由美国运筹学家托马斯·塞蒂正式提出。它是一种定性分析与定量分析相结合的，系统化、层次化、多准则决策的系统分析方法；它是一种将决策者对复杂系统的决策思维进行模型化、数量化的过程。应用这种方法，决策者可以将复杂问题分解为若干层次和若干因素，通过在各因素之间的进行简单的比较和计算，就可以得出不同方案的权重，从而为最佳方案的选择提供依据。

2. 风险评价

合同风险评价是在对合同管理风险进行辨识的基础上，对风险发生的概率以及风险发生以后造成的损失进行深入分析，从而获得描述风险的综合指标——风险量，并制定行之有效的防范对策。风险评价工作需要在对风险进行科学计算的基础上，制定出对应的风险处理策略。

2.2.3　工程合同风险应对措施

在风险管理中，首先拟定可能的风险影响因素，并对其特征和产生机理展开深入研究来确定风险影响因素，构建风险评价指标体系；再通过一定的合理有效的评价模型对风险进行判断，并根据评价结果采取相应措施来防止或减少风险发生导致的损失。一般风险常见的应对措施有以下几个方面。

（1）风险回避

对于那些发生概率高、造成损失大的风险主要采用风险回避措施。在风险发生之前，通过回避、放弃、终止建设工程项目来断绝风险的来源，从而使风险因素完全消除。但风险回避是一种比较消极的防范措施。

（2）风险控制

对于发生概率较高、造成损失较小的风险一般采用风险控制的措施。通过风险控制措施来减少风险的发生概率，使得风险因素产生的损失降到最少。风险控制措施是一种积极、有效的风险应对策略，在建设项目中它不仅能够有效降低风险因素造成的各种损失，更有利地实现了社会资源的整体优化配置。

（3）风险转移

风险转移是指在风险事故发生时，利用协议或合同将一部分或全部风险转移到具有相互经济利益关系的另一方。对于那些发生概率低、造成损失大的风险，一般采用合同条款或风险措施将损失转移到能够承担该风险的一方。风险转移可分为保险风险转移和非保险风险转移两种方式。

保险风险转移是通过购买保险的形式将项目已发生的风险、造成的损失转移给保险机构或保险公司；非保险风险转移是指通过保险以外的手段将建设工程项目中的风险转移出去，例如通过分包合同、委托合同、租赁合同或担保合同等。

（4）风险自留

将建设工程中的风险不予转移，而由自己承担的措施称为风险自留。风险自留可分为有意识和无意识两种。无意识的风险自留是指以前不曾预测到，更不曾采取相应的风险防范措施，使得风险一旦发生就只好自己来承担；有意识的风险自留是主动接受的风险，它是决策者有计划、有意识地将可能发生的风险由自己来承担。一般有意识的风险自留，决策者会提前做好相应的风险应对措施。

2.3 案例分析

【案例 2-1】项目基本信息：2001 年，中国路桥总公司（CRBC）曾与美国桥梁公司、巴拿马 PILOTEC. S. A 公司组成合资公司，拟投巴拿马运河二桥的施工合同标。工程概况为：巴拿马运河二桥是在巴拿马运河一桥上游 10000m 处，横跨巴拿马运河的一座混凝土斜拉桥，全长 1052m，跨径布置为（60＋60＋60＋200＋420＋200＋46）m，为三跨双塔单索面梁塔固结体系钢筋混凝土斜拉桥。全桥的基础均为直径 1.8m 的钻孔灌注桩，东塔平均桩长 13m，西塔平均桩长 45m，承台为实体普通混凝土矩形构造，采用明挖基础，索塔为独立柱空心混凝土结构，上部结构为单箱单室混凝土箱形梁。施工工期为 27 个月。该桥位属山岭重丘区（国内标准），平均河宽 180m，平均水深 12m，全桥的基础均设在两岸的旱地上。大桥东岸地表 2～3m 为亚黏土覆盖层，3～6m 为风化页岩和泥岩，6m 以下为玄武岩。单轴抗压强度为 60MPa 以上。西岸地表 3～6m 为泥质亚黏土，地表以下为泥岩和页岩，中间夹有部分砂岩、泥（页）岩，单轴抗压强度不大于 5MPa。巴拿马二桥位于库区河段，水位主要受船闸放水和运河降雨的影响，水位变化不明显，平均水位 26.67m。巴拿马二桥位于太平洋与大西洋之间，气候属于热带雨林气候，无四季差别，仅有旱季、雨季之分，年平均气温 23～32℃，旱季为 11 月下旬到次年 5 月中旬，其余均为雨季。

问题：请应用 AHP 法对投标决策进行风险分析。

【参考答案】

第一步：风险因素辨识

（1）政治风险

巴拿马与中国无正式外交关系，中国在巴拿马驻有商务代表处。美国把主权交还巴拿马后，巴国内政局基本稳定，与中国有一定的商贸来往，加之美国在巴仍有一定的影响，因此政治风险不大。

（2）经济风险

1）通货膨胀。该国工业很少，以巴拿马运河过船收费、金融服务和旅游业为主要的财政收入来源，巴拿马币和美元等值在其国内流通，通货膨胀的危险不大。

2）资金转移困难。该国在外汇转移方面限制较严。

3）税收较重，而且由于运河二桥在巴国内影响重大，不易合理避税。

4）标书中规定的“里程碑付款方式”对承包商造成资金压力。

5）当地缺乏施工机械和设备。

6）当地劳动力效率低下，熟练技工更是缺乏，需要从中国派遣，费用较高。

（3）技术风险

1）施工技术复杂。该桥是单索面斜拉桥，跨度较大，预应力混凝土箱梁宽度达 40m 以上，主塔 100 多米高，施工难度较大。

2）巴拿马终年多雨，特别是雨季长，有效施工时间较少，工期较短。

3）施工用电不能完全保证。

（4）环境风险

中国路桥公司是第一次在南美地区投标，对当地情况不熟悉。

第二步：分析有利因素

（1）中国路桥公司作为一个国际化大公司，在大跨度索桥方面有丰富的经验，中标后有可靠的技术和专用机械设备。

（2）有多个公司的参与，工程付款不会有大的障碍。

（3）中国国内劳动力相对于欧美劳动力价格较低。

第三步：选择风险分析方法

因为AHP法比较适用于投标阶段的风险分析，故运用AHP法进行分析。

第四步：用AHP法分析投标风险：

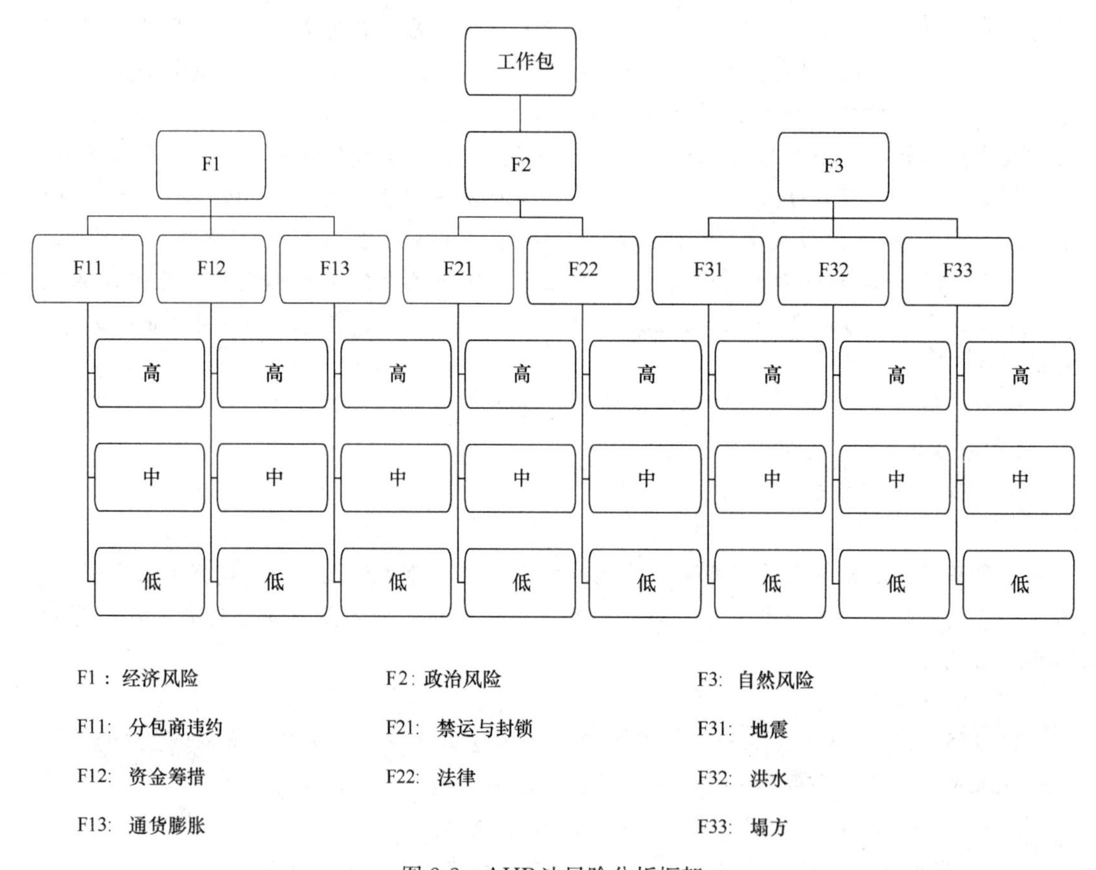

图2-2　AHP法风险分析框架

从前述的分析可知该项目主要有三大类风险：经济风险、环境风险和技术风险，各大类风险又分别分为如图所示的子风险因素。通过编制专家调查表进而确定风险因素和子因素的相对重要性权重值和风险危害程度值，计算出F1、F2、F3的权重值分别为0.523、0.156、0.321，各子因素的高、中、低风险度计算结果为：高风险可能性为0.647，中等水平风险的可能性为0.698，较低风险可能性为0.763。因此得出结论：该项目为高风险项目，建议以合同的理由退出投标。

本 章 小 结

工程合同管理过程中，积极的风险控制措施是规避、防范、控制，降低风险的有效途径。合理的风险分担更有助于工程项目的顺利实施。本章重点阐述了风险的概念、工程合同风险的类型，合同风险产生的原因。论述了合同风险的分配原则，合同风险的识别和评价，最后指出风险的应对措施。

思 考 与 练 习 题

1. 风险的特征有哪些?
2. 合同风险的主要表现形式有哪些?
3. 工程合同风险的类型有哪些?
4. 合同风险产生的原因有哪些?
5. 简述合同风险的识别步骤。
6. 风险的应对措施有哪些?

第3章　建设工程勘察设计合同管理

本章要点及学习目标

本章对建设工程勘察、设计合同的概念、特征及法律规范进行了阐述。对建设工程勘察合同和设计合同条款的主要内容进行了总结。需要学生掌握勘察设计合同订立过程中，合同的主体资格、合同订立的形式与程序以及合同中应当具备哪些主要条款。理解勘察设计合同订立中，各方应承担的责任和义务。

3.1　建设工程勘察设计合同概述

3.1.1　建设工程勘察设计合同的基本内涵

1. 建设工程勘察设计合同的定义

建设工程的勘察包括选址勘察、初步勘察、详细勘察和施工勘察四个阶段，其主要工作内容有地形测量、工程勘察、地下水勘察、地表水勘察、气象调查等。建设工程设计一般分为初步设计、技术设计和施工图设计三个阶段，包括工业建筑设计和民用建筑设计。建设工程勘察设计合同是委托方与承包方为完成一定的勘察设计任务，明确相互之间权利义务关系的协议。建设工程勘察设计合同的委托方一般是项目业主（建设单位）或建设工程总承包单位；承包方是持有国家认可的勘察设计证书的勘察设计单位。合同的委托方、承包方均应具有法人地位。

2. 建设工程勘察设计合同的特征

（1）勘察设计合同的当事人双方一般应具有法人资格

建设工程勘察设计合同的当事人双方应当是具有民事权利能力和民事行为能力，取得法人资格的组织或者其他组织及个人。他们在法律和法规允许的范围内均可以成为合同当事人。发包方必须是国家批准建设项目，落实投资计划的企事业单位、社会组织。承包方应当是具有国家批准的勘察设计许可证，经有关部门核准的资质等级的勘察设计单位。

（2）勘察设计合同的订立必须符合工程项目建设程序

勘察设计合同的订立必须符合国家规定的工程项目建设程序。合同的订立应以国家批准的设计任务书或其他有关文件为基础。

（3）勘察设计合同具有建设工程合同的基本特征

勘察设计合同是建设工程合同中的类型之一，建设工程合同的基本特征勘察设计合同都具有。

3.1.2　建设工程勘察设计合同的法律规范

1. 建设工程勘察设计合同的相关法律法规

建设工程勘察设计合同及其管理的法律基础主要是国家或地方颁发的法律、法规。主要有：

(1)《中华人民共和国经济合同法》；

(2)《建设工程勘察设计合同条例》；

(3)《建设工程勘察质量管理办法》；

(4)《工程设计招标投标暂行办法》；

(5)《中外合作设计工程项目暂行规定》；

(6)《工程勘察和工程设计单位资格管理办法》；

(7)《工程勘察和工程设计资格分级标准》；

(8)《建设工程勘察合同（示范文本）》(GF-2016-0203)。

2. 勘察设计合同示范文本

(1) 勘察合同示范文本

为了指导建设工程勘察合同当事人的签约行为，维护合同当事人的合法权益，依据《中华人民共和国合同法》、《中华人民共和国建筑法》、《中华人民共和国招标投标法》等相关法律法规的规定，住房和城乡建设部、国家工商行政管理总局对《建设工程勘察合同（一）［岩土工程勘察、水文地质勘察（含凿井）、工程测量、工程物探］》(GF-2000-0203）及《建设工程勘察合同（二）［岩土工程设计、治理、监测］》(GF-2000-0204）进行了修订，制定了《建设工程勘察合同（示范文本）》(GF-2016-0203)。合同条款的主要内容包括：

① 工程概况；

② 勘察范围和阶段、技术要求及工作量；

③ 合同工期；

④ 质量标准；

⑤ 合同价款；

⑥ 合同文件构成；

⑦ 承诺；

⑧ 词语定义；

⑨ 签订时间；

⑩ 签订地点；

⑪ 合同生效；

⑫ 合同份数。

(2) 设计合同示范文本

设计合同分为两个版本。

1)《建设工程设计合同示范文本（房屋建筑工程）》(GF-2015-0209)。

范本适用于房屋建筑工程设计的合同，主要条款包括以下几方面的内容：

① 订立合同依据的文件；

② 委托设计任务的范围、阶段与服务内容；

③ 发包人应提供的有关资料和文件；

④ 设计人应交付的资料和文件；

⑤ 设计费的支付；

⑥ 双方责任；

⑦ 违约责任；

⑧ 其他。

2)《建设工程设计合同示范文本（专业建设工程）》(GF-2015-0210)

该合同范本适用于房屋建筑工程以外各行业建设工程项目的主体工程和配套工程（含厂/矿区内的自备电站、道路、专用铁路、通信、各种管网管线和配套的建筑物等全部配套工程）以及与主体工程、配套工程相关的工艺、土木、建筑、环境保护、水土保持、消防、安全、卫生、节能、防雷、抗震、照明工程等工程设计活动。

房屋建筑工程以外的各行业建设工程统称为专业建设工程，具体包括煤炭、化工石化医药、石油天然气（海洋石油）、电力、冶金、军工、机械、商物粮、核工业、电子通信广电、轻纺、建材、铁道、公路、水运、民航、市政、农林、水利、海洋等工程。

3.2 建设工程勘察设计合同的订立与履行

3.2.1 建设工程勘察设计合同的订立

1. 建设工程勘察设计合同的主体资格

建设工程勘察设计合同的主体一般应是法人。承包方承揽建设工程勘察、设计任务必须具有相应的权利能力和行为能力，必须持有国家颁发的勘察、设计证书。国家对设计市场实行从业单位资质、个人执业资格准入管理制度。委托工程设计任务的建设工程项目应当符合国家有关规定：

(1) 建设工程项目可行性研究报告或项目建议书已获批准；

(2) 已经办理了建设用地规划许可证等手续；

(3) 法律、法规规定的其他条件。

发包方应当持有上级主管部门批准的设计任务书等合同文件。

2. 建设工程勘察设计合同订立的形式与程序

建设工程勘察、设计任务通过招标或设计方案的竞投确定勘察、设计单位后，应遵循工程项目建设程序，签订勘察、设计合同。签订勘察合同，由建设单位、设计单位或有关单位提出委托，经双方协商同意，即可签订。签订设计合同除双方协商同意外，还必须具有上级机关批准的设计任务书；小型单项工程必须具有上级机关批准的设计文件。建设工程勘察、设计合同必须采用书面形式，并参照国家推荐使用的合同文本签订。

3. 建设工程勘察设计合同应当具备的主要条款

(1) 建设工程名称、规模、投资额、建设地点；

(2) 发包人提供资料的内容、技术要求及期限，承包方勘察的范围、进度和质量，设计的阶段、进度、质量和设计文件份数；

(3) 勘察、设计取费的依据、取费标准及拨付办法；

(4) 协作条件；

(5) 违约责任；

(6) 其他约定条款。

4. 建设工程勘察设计合同发包人的行为规范

发包人在委托业务中不得有下列行为：

（1）收受贿赂、索取回扣或者其他好处；

（2）指使承包方不按法律、法规、工程建设强制性标准和设计程序进行勘察设计；

（3）不执行国家的勘察设计收费规定，以低于国家规定的最低收费标准支付勘察设计费或不按合同约定支付勘察设计费；

（4）未经承包方许可擅自修改勘察设计文件，或将承包方专有技术和设计文件用于本工程以外的工程；

（5）法律、法规禁止的其他行为。

3.2.2 建设工程勘察设计合同的履行

1. 勘察合同承包人与发包人的义务

在建设工程勘察合同中发包人的义务即是承包人的权利，承包人的义务即是发包人的权利。

（1）勘察合同发包人的义务

勘察合同发包人的义务指的是由其负责提供的资料的内容、技术要求、期限以及应承担的工作和服务项目。

1）在勘察工作开始前，发包人应当向承包人提交勘察或者设计的基础资料，即提交由设计人提供、经发包人同意的勘察范围，和由发包人委托、设计人填写的勘察技术要求及其附图。

2）发包人应负责勘察现场的水、电、气的畅通供应、平整道路、现场清理等工作，在勘察人员进入现场作业时，发包人应当负责提供必要的工作和生活条件。

3）支付勘察费。勘察工作的取费标准是按照勘察工作的内容，如工程勘察、工程测量、工程地质勘察、水文地质勘察和工程物探等的工作量来决定的，其具体标准和计算办法要按照原国家建委颁发的《工程勘察取费标准》中的规定执行。

（2）勘察承包人的义务

承包人的义务是指承包人应当依据订立的合同和发包人的要求，通过自己的实际行动承担其应负的职责，以实现发包人的权利和目的。承包人应当按照规定的标准、规范、规程和条例，进行工程测量和工程地质、水文地质等勘察工作，并按合同规定的进度、质量提交勘察结果。对于勘察工作中的漏项应当及时予以勘察，由此多支出的费用应自行负担并承担由此造成的违约责任。

2. 设计合同发包人和承包人的义务

（1）设计合同发包人的义务

1）如果委托初步设计，委托人应在规定的期限内向承包人提供批准的设计任务可行性研究报告、选址报告以及原料或者经过批准的资源报告、燃料、水电、运输的协议文件和能满足初步设计要求的勘察资料、技术资料。

2）如果委托施工图设计，委托人应当在规定日期内向承包人提供经过批准的初步设计和能满足施工图设计要求的勘察资料、施工条件以及有关设备的技术资料。

3）发包人应及时在有关部门办理各设计阶段设计文件的审批工作。

4）明确设计范围和深度。

5）依照双方的约定支付设计费用。

设计工程的取费标准，一般应当根据不同行业、不同建设规模和工程内容的繁简程度制定不同的收费定额，再根据这些定额来计算收取的费用。原国家计委颁布了《工程设计收费标准》，目前工程设计费仍按此标准执行。设计合同生效后，发包人向承包人支付相当于设计费的20%作为定金，设计合同履行后，定金抵作设计费。设计费其余部分的支付由双方共同商定。对于超过设计范围的补充设计和增加设计深度的设计量，对其增加的部分付出的劳务应给予补偿，对于设计范围减少的应协商确定报酬的给付。对上述情况，还要考虑设计期限的增减。

6）委托配合引进项目的设计，从询价、对外谈判、国内外技术考察直到建成投产的各个阶段，都应当通知有关设计单位参加，这样有利于设计任务的完成。

7）在设计人员进入施工现场开始工作时，发包人应当提供必要的工作和生活条件。

8）发包人应当维护承包人的设计文件，不得擅自修改，也不得转让给第三方使用，否则要承担侵权责任。

9）合同中含有保密条款的，发包人应当承担设计文件的保密责任。

（2）设计合同承包人的义务

1）承包人要根据批准的设计任务书或者可行性研究报告或者上一阶段设计的批准文件，以及有关设计的技术经济文件，如设计标准、技术规范、规程、定额等提出勘察技术要求并进行设计，且按合同规定的进度和质量要求，提交设计文件，设计文件包括概预算文件、材料设备清单等。

2）承包人应配合所承担的设计任务的建设项目的施工，进行施工前技术交底，解决施工中的有关设计问题，负责设计变更和预算修改，参加隐蔽工程验收和工程竣工验收。另外，勘察、设计人要对其勘察、设计的质量负责。《建筑法》第五十六条规定："建筑工程的勘察、设计单位必须对其勘察、设计的质量负责。勘察、设计文件应当符合有关法律、行政法规的规定和建筑工程质量、安全标准、建筑工程勘察、设计技术规范以及合同的约定。设计文件选用的建筑材料、建筑构配件和设备，应当注明其规格、型号、性能等技术指标，其质量要求必须符合国家规定的标准。"此外《建筑法》第五十四条规定：建设单位不得以任何理由，要求建筑设计单位或者施工企业在工程设计中，违反法律、行政法规和建筑工程质量、安全标准，降低工程质量。建筑设计单位对建设单位违反规定提出的降低工程质量的要求，应当予以拒绝。《建筑法》第五十八条第二款规定："建筑施工企业必须按照工程设计图纸和施工技术标准施工，不得偷工减料。工程设计的修改由原设计单位负责，建筑施工企业不得擅自修改工程设计。"

3．设计的修改和终止

（1）设计文件批准后，不得任意修改和变更。如果必须修改，须经有关部门批准，其批准权限，视修改的内容所涉及的范围而定。

（2）发包人因故要求修改设计时，经承包方同意除所设计文件的提交时间需另定外，发包人还应按承包方实际返工修改的工作量增付设计费。

（3）原定设计任务书的初步设计如有重大变更而需重做或修改设计时，须经设计任务书或初步设计批准机关同意，并经双方当事人协商后另订合同。委托方负责支付已经进行了的设计费用。

（4）委托方因故要求中途终止设计时，应及时通知承包方，已付的设计费不退，并按该阶段实际所耗工时，增付和结清设计费，同时解除合同关系。

4. 勘察、设计费的数量与拨付办法

(1) 勘察费

勘察工作的取费标准按照勘察工作的内容确定，其具体标准和计算办法依据国家有关规定执行，也可在国家规定指导下，承包人、发包人在合同中加以约定，勘察费用一般按实际完成的工作量收取。

勘察合同订立后，委托人应向承包人支付定金，定金金额为勘察费的30%；勘察工作开始后，委托人应向承包人支付勘察费的30%；全部勘察工作结束后，承包人按合同规定向委托人提交勘察报告书和图纸，委托人收取资料后，在规定的期限内按实际勘察工作量付清勘察费。对于特殊工程可适当提高勘察费用，其加收的额度为总价的20%～40%。

(2) 设计费

设计工程的取费标准，一般应根据不同行业、不同建设规模和工程内容的繁简程度制定不同的收费定额，再根据这些定额来计算收取的费用。

设计合同订立后，委托人应向承包人支付相当于设计费的20%作为定金；设计合同履行后，定金抵作设计费。设计费用其余部分的支付由双方共同商定。

勘察、设计费根据国家有关规定，由委托人和承包人在合同中明确。合同双方不得违反国家有关最低收费标准的规定，任意压低勘察设计费用。合同中还须明确勘察、设计费的支付期限。

3.2.3 违约责任

1. 勘察人、设计人的责任

《合同法》第二百八十条规定："勘察、设计的质量不符合要求或者未按照期限提交勘察、设计文件拖延工期，造成发包人损失的，勘察人、设计人应当继续完善勘察、设计，减收或者免收勘察、设计费并赔偿损失。"该条规定包括下述内容：

(1) 勘察人、设计人要对其勘察、设计的质量和提交勘察、设计文件的期限予以保证

建筑工程勘察、设计的质量必须符合国家有关建筑工程安全标准的要求，具体办法由国务院规定。根据国家《标准化法》的规定，建筑工程的设计和安全标准应当符合国家颁布的标准。

《建筑法》第五十六条规定："建筑工程的勘察、设计单位必须对其勘察、设计的质量负责。勘察、设计文件应当符合有关法律、行政法规的规定和建筑工程质量、安全标准、建筑工程勘察、设计技术规范以及合同的约定。设计文件选用的建筑材料、建筑构配件和设备，应当注明其规格、型号、性能等技术指标，其质量要求必须符合国家规定的标准。"

建设工程的完成具有明显的程序性。简单地讲，建设工程先要进行勘察、设计，然后进行工程施工，有的工程还需要委托监理，最后要组织建设工程验收。建设工程的勘察、设计是整个建设工程工作进行的开始和基础，勘察人、设计人应当按照约定提交勘察、设计文件，如果勘察人、设计人拖延勘察、设计文件的提交，工程建设便无法进行，这会给发包人造成损失。

(2) 勘察、设计质量低劣或者未按照期限提交勘察、设计文件拖延工期的违约责任

《合同法》第一百一十一条规定："质量不符合约定的，应当按照当事人的约定承担违

约责任。对违约责任没有约定或者约定不明确，依照本法第六十一条的规定仍不能确定的，受损害方根据标的物的性质以及损失的大小，可以合理选择要求对方承担修理、更换、重作、退货、减少价款或者报酬等违约责任。”具体对勘察、设计合同而言，由勘察人、设计人继续完善其勘察、设计，以保证其勘察、设计的质量符合合同的约定和有关标准。由于勘察、设计的质量低劣或者未按照期限提交勘察、设计文件拖延工期的，则可能会给发包人造成一定的损失（如建筑、安装人员已经依照质量低劣的勘察、设计文件进行施工，不合格的工程需要返工、改建，其中给发包人造成的损失），勘察人、设计人应当承担相应的赔偿责任。勘察人、设计人未按照期限提交勘察、设计文件拖延工期，还会使发包人支付一定的费用和相应的利息，这也是勘察人、设计人违反合同约定造成的。对上述情况，勘察人、设计人除继续完善勘察、设计外，还要减收或者免收勘察、设计费并赔偿损失。关于违约金和赔偿额的计算方法，依照有关规定执行。

关于建筑设计单位的质量责任，《建筑法》在第七十三条中作了比较全面的规定，即建筑设计单位不按照建筑工程质量、安全标准进行设计的，造成工程质量事故的，责令停业整顿，降低资质等级或者吊销资质证书，没收违法所得，并处罚款；造成损失的，承担赔偿责任；构成犯罪的，依法追究刑事责任。

2. 发包人的责任

由于发包人的原因造成勘察、设计的返工、停工或者修改设计的，发包人应当按照勘察人、设计人实际消耗的工作量增付费用。《合同法》第二百八十五条规定：“因发包人变更计划，提供的资料不准确，或者未按照期限提供必需的勘察、设计工作条件而造成勘察、设计的返工、停工或者修改设计，发包人应当按照勘察人、设计人实际消耗的工作量增付费用。”

（1）发包人变更计划及违约

造成发包人勘察、设计的返工、停工或者修改设计的原因一般有三种情况：

1）由于发包人变更计划。例如在数量上的增减、质量上的高低，以及工程场所的变化等，但不论何种变化，都需要对勘察、设计进行相应的变化。

2）发包人提供的资料不准确。勘察、设计需要发包人提供准确的资料。这里的勘察包括工程地质勘察、场址选择勘察、初步勘察、详细勘察、施工勘察等。建筑设计包括初步设计、技术设计、扩大初步设计、结构设计和施工图设计等。

3）发包人未按照期限提供必须的勘察、设计工作条件。在勘察、设计工作中，发包人按期提供有关的工作条件是完成工作的重要前提，也是发包人履行合同的行为，发包人应当依照合同约定办事。

（2）发包人应承担的责任

发包人的上述行为会造成勘察、设计的返工；重新进行勘察、设计，也会造成停工，或者需要对设计进行修改。如果不是发包人变更计划，提供的资料不准确，或者未按照期限提供必需的勘察、设计工作条件，勘察人、设计人已经完成了勘察、设计任务，按照建设工程合同履行了义务，获得了相应的报酬。勘察、设计的返工、停工或者修改设计，都需要重新消耗一定的工作量，这完全是由于发包人的原因造成的，所以发包人应当按照勘察人、设计人实际消耗的工作量增付费用。

3. 勘察、设计合同的索赔

勘察、设计合同一旦签订，双方当事人要信守合同，当因一方当事人的责任使另一方当事人的权益受到损害时，遭受损失方可向责任方提出索赔要求，以补偿经济上遭受的损失。

（1）承包人向发包人提出索赔的情由

1）发包人不能按合同要求准时提交满足设计要求的资料，致使承包人设计人员无法正常开展设计工作，承包人可提出费用和工期索赔；

2）发包人在设计中途提出变更要求，承包人可提出费用和工期索赔；

3）发包人不按合同规定支付报酬，承包人可提出合同违约金索赔；

4）因其他原因属发包人责任造成承包人利益损害时，承包人可提出费用索赔。

（2）发包人向承包人提出索赔的情由

1）承包人不能按合同约定的时间完成设计任务，致使发包人因工程项目不能按期开工造成损失，可向承包人提出索赔；

2）承包人的勘察、设计成果中出现偏差或漏项等，致使工程项目施工或使用时给发包人造成损失，发包人可向承包人索赔；

3）承包人完成的勘察设计任务深度不足，致使工程项目施工困难，发包人也可提出索赔；

4）因承包人的其他原因造成发包人损失的，发包人可以提出索赔。

3.3 建设工程勘察设计合同的管理

3.3.1 发包人、工程师对勘察、设计合同的管理

1. 设计阶段工程师的工作职责范围

设计阶段的监理，一般指由建设项目已经取得立项批准文件以及必需的有关批文后，从编制设计任务书开始，直到完成施工图设计的全过程监理，上述阶段应由监理委托合同确定。

设计阶段监理的内容一般包括：

（1）根据设计任务书等有关批示和资料编制“设计要求文件”或“方案竞赛文件”，采用招标方式的工程师应编制“招标文件”；

（2）组织设计方案竞赛、招标投标，并参与评选设计方案或评标；

（3）协助选择勘察设计单位或提出评标意见及中标单位候选名单；

（4）起草勘察、设计合同条款及协议书；

（5）监督勘察、设计合同的履行情况；

（6）审查勘察、设计阶段的方案和设计结果；

（7）向建设单位提出支付合同价款的意见；

（8）审查项目的概预算。

2. 发包人对勘察、设计合同管理的重要依据

发包人对勘察、设计合同管理的依据包括：

（1）建设项目设计阶段监理委托合同；

（2）批准的可行性研究报告及设计任务书；

(3) 建设工程勘察、设计合同；

(4) 经批准的选址报告及规划部门批文；

(5) 工程地质、水文地质资料及地形图。

3.3.2　承包人（勘察人、设计人）对合同的管理

1. 建立专门的合同管理机构

建设工程勘察、设计人应当设立专门的合同管理机构，对合同实施的各个步骤进行监督、控制，不断完善建设工程勘察、设计合同自身管理机制。

2. 承包人对合同的实施管理

(1) 合同订立时管理

承包人应设立专门的合同管理机构对建设工程勘察、设计合同的订立全面负责，实施监管、控制。特别是在合同订立前要深入了解委托方的资信、经营作风及订立合同应当具备的相应条件。规范合同双方当事人权利义务的条款要全面、明确。

(2) 合同履行时的管理

合同开始履行，即意味着合同双方当事人的权利义务开始享有与承担。为保证勘察、设计合同能够正确、全面地履行，专门的合同管理机构要经常检查合同的履行情况，发现问题及时协调解决，避免不必要的损失。

(3) 建立健全合同管理档案

合同订立的基础资料以及合同履行中形成的所有资料，承包人应有专人负责，随时注意收集和保存，及时归档。健全的合同档案是解决合同争议和提索赔的依据。

(4) 做好合同人员素质培训

参与合同的所有人员必须具有良好的合同意识。承包人应配合有关部门做好合同培训等工作，提高合同参与人员素质，保证实现合同订立要达到的目的。

3.3.3　国家有关机构对建设工程勘察设计合同的监督

建设工程勘察、设计合同的管理除承包人、发包人自身管理外，国家有关机构如工商行政管理部门、金融机构、公证机构、主管部门等依据职权划分，也同样对勘察、设计合同行使监督权。建设行政主管部门应对勘察、设计合同履行情况进行监督，签订勘察设计合同的双方，应当将合同文本送交工程项目所在地的县级以上人民政府建设行政主管部门或委托机构备案。

3.4　案　例　分　析

【案例 3-1】伟业设计公司承接了某发包方的建设工程勘察设计任务。由于业务过于繁忙，经发包方同意，伟业公司将部分工程分包给了宏基公司。工作结束后，发包方验收时，发现宏基公司承接的部分存在重大问题。发包方与宏基公司交涉，宏基公司认为其与发包方没有直接合同关系，不同意承担责任。伟业公司则认为工作由宏基公司完成，伟业公司没有责任。

问题：谁应当承担责任？请对此案例进行评析。

【参考答案】

建设工程勘察、设计单位经勘察设计合同发包人同意，可以将自己承包的部分工作分

包给具有相应资质条件的第三人。第三人就其完成的工作成果与工程勘察、设计单位向发包人承担连带责任。本案中伟业公司与宏基公司应承担连带责任。

【案例 3-2】 某厂新建一车间，分别与市设计院和市某建筑公司签订设计合同和施工合同。工程竣工后厂房北侧墙壁发生裂缝。

为此该厂向法院起诉建筑公司。经勘验裂缝是由于地基不均匀沉降引起，结论是结构设计图纸所依据的地质资料不准确，于是该厂又向法院起诉设计院。设计院答称，设计院是根据该厂提供的地质资料设计的，不应承担事故责任。经法院查证，该厂提供的地质资料不是新建车间的地质资料，而是与该车间相邻的某厂的地质资料，事故前设计院也不知道该情况。

问题 1：事故的责任者是谁？

问题 2：该厂发生的诉讼费应由谁承担？

【参考答案】

1. 该案例中，设计合同的主体是某厂和市设计院，施工合同的主体是该厂和某建筑公司。根据案情，由于设计图纸所依据的资料不准确，使地基不均匀沉降，最终导致墙壁裂缝事故。所以，事故涉及的是设计合同中的责权关系，而与施工合同无关，即建筑公司没有责任。

2. 在设计合同中，提供准确的资料是委托方的义务之一，而且要对资料的"可靠性负责"，所以委托方提供假地质资料是事故的根源，委托方是事故的责任者之一；市设计院根据对方提供的资料设计，似乎没有过错，但是直到事故发生前设计院仍不知道资料虚假，说明在整个设计过程中，设计院并未对地质资料进行认真的审查，使假资料滥竽充数，导致事故。否则，有可能防患于未然。所以，设计院也是责任者之一。由此可知，在此事故中，委托方（某厂）为直接责任者、主要责任者，承接方（设计院）为间接责任者、次要责任者。根据上述结论，该厂发生的诉讼费，主要应由该厂负担，市设计院也应承担一小部分。

本 章 小 结

勘察设计企业逐渐增多，在一定程度上增加了市场竞争，企业也面临着残酷考验。勘察设计企业要想在市场中占据一席之地，就要提高自身综合实力，而合同管理质量的高低是决定企业经营管理成败的关键因素。本章主要介绍了勘察设计合同的概念，勘察设计合同的订立与履行以及勘察设计合同的管理等，通过加强合同精细化管理，有利于提高企业的抗风险能力，确保在竞争日益激烈的勘察设计市场上求生存、谋发展。

思 考 与 练 习 题

1. 什么是建设工程勘察设计合同？
2. 勘察设计合同中可以索赔的情况有哪些？
3. 勘察设计中，发包人承担哪些责任？

第4章　建设工程施工合同管理

本章要点及学习目标

通过对本章的学习，主要了解建设工程施工合同的相关概念和特征；理解建设工程施工合同的订立与实施；熟悉并掌握最新版本的《建设工程施工合同（示范文本）》的内容。

具体内容包括：依据工程项目的特点和具体要求选定工程任务承包方式并合理的确定施工承包模式、确定适当的施工合同计价方式与支付方法、展开施工合同履行过程的管理并实施跟踪控制，确定具体的施工合同文本等。

4.1　建设工程施工合同概述

建设工程项目的实施是一项系统性的工作任务，涉及方方面面的诸多工程任务，同时需要诸多的市场主体参与、共同协作才能完成。因此各参与主体与项目业主之间需要通过合同来明确其权利义务关系。本章主要介绍建设工程施工合同，建设工程施工合同是建设工程的主要合同，也就是通常所说的建筑安装工程承发包合同。

4.1.1　建设工程施工合同的基本内涵

1. 建设工程施工合同的定义

建设工程施工是指承包人依据建设工程设计文件以及项目业主的要求，对特定的建设工程进行新建、扩建、改建的施工活动。

建设工程施工合同作为建设工程合同的主要组成形式，是指由建设工程项目施工承包人承揽工程项目并进行工程施工，由工程项目发包人依照合同约定支付工程价款的合同。

建设工程施工合同是双务合同。依据《合同法》之相关规定，承包人应当按照合同约定按时保质保量地完成工程任务，并享有获得相应报酬的权利；发包人应按照合同约定提供施工必要的条件并按时支付工程价款，并享有按时接收建设工程项目的权利。

建设工程施工合同明确了合同当事人的权利与义务关系，是合同双方当事人在建设工程实施过程中所应遵循的最高行为准则，是规范双方经济活动、协调双方工作关系、解决合同纠纷的法律依据。

当然我们也应认识到，施工合同虽然是发包人和承包人双方签订的契约文件，但事实上由于工程项目施工的复杂性导致其涉及工程建设的所有相关人，比如发包人、承包人、监理人、材料供应商等。因此是所有工程相关合同中最复杂、最重要的合同。

2. 建设工程施工合同的当事人和相关方

依据《合同法》相关规定，建设工程合同是由发包人和承包人为了明确其权利义务关系而签订的具有约束力的文件。依据《建设工程施工合同（示范文本）》（GF-2017-0201），合同当事人是指发包人和承包人。

(1) 发包人

发包人是指与承包人签订合同协议书的当事人以及取得该当事人资格的合法当事人。对于发包人，需要注意两个方面的问题：其一，发包人是否具备工程发包的主体资格，建设工程相关手续是否完备；其二，发包人是否具有履约能力，工程所需资金是否已经落实或者是否具备落实的条件。

发包人可以是建设工程项目业主，也可以是取得工程总承包资格的总承包人。作为建设工程项目业主，发包人可以是具有法人资格的机关事业单位、国有或者集体企业、民营企业、社会团体，也可以是个人。发包人的继承人（与发包人合并、兼并的企业，购买或者接受发包人转让的单位或者个人等）也可以作为发包人，享有原发包人的权利并履行相应义务。

(2) 承包人

承包人是指与发包人签订合同协议书的，具有相应工程施工承包资质的当事人及取得该当事人资格的合法继承人。对于承包人，需要注意以下几个方面：其一，承包人是否具备所承揽工程的资质条件；其二，承包人是否具有完成所承揽工程的施工能力；其三，承包人是否具有一定的社会信誉；其四，承包人是否具有完成所承揽项目的资金实力。

承包人必须是具备所承揽工程的法定资质条件，具有法人资格并持有营业执照，同时被发包人承认的施工企业或者其继承人。

发包人与承包人是平等的民事主体。发包人和承包人在签订合同之前必须具备法定的资质条件和履约能力。

(3) 其他相关方

建设工程施工合同相关方还包括监理人、设计人、分包人、发包人代表、项目经理以及监理工程师等，他们均不同程度地参与到建设工程施工过程中，并承担相应的权利与义务。

1) 监理人。监理人是指在专用合同条款中指明的，受发包人委托按照法律规定进行工程监督管理的法人或其他组织。

2) 设计人。设计人是指在专用合同条款中指明的，受发包人委托负责工程设计并具备相应工程设计资质的法人或其他组织。

3) 分包人。分包人是指按照法律规定和合同约定，分包部分工程或工作，并与承包人签订分包合同的具有相应资质的法人。

4) 发包人代表。发包人代表是指由发包人任命并派驻施工现场，在发包人授权范围内行使发包人权利的人。

5) 项目经理。项目经理是指由承包人任命并派驻施工现场，在承包人授权范围内负责合同履行，而且按照法律规定具有相应资格的项目负责人。

6) 总监理工程师。总监理工程师是指由监理人任命并派驻施工现场进行工程监理的总负责人。

建设工程施工合同的当事人和相关方关系如图 4-1 所示。

3. 建设工程施工合同的特征

建设工程施工合同和一般合同具有明显不同，主要体现在以下几个方面。

(1) 施工合同的标的具有特殊性

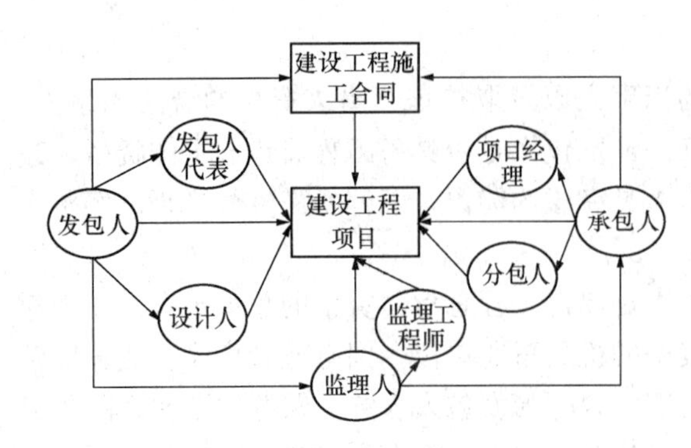

图 4-1　建设工程施工合同的当事人和相关方关系示意图

建设工程施工合同的标的物是各类建筑产品，而建筑产品具有单件性、固定性、不可移动性等特征，这也决定了建设工程的施工生产是流动的；同时建筑产品规模较大、构造形式、使用目的也是各不相同的，使得建筑产品具有单件性特征，需要单独设计和单独施工。因此，建筑产品一般都是独一无二的，使得建筑施工合同的标的物具有特殊性。

（2）建设工程施工合同履行期限长

建筑产品的规模巨大、结构复杂、工程量巨大，使得建筑施工生产周期一般比较长，往往需要两到三年乃至更长的时间。同时在工程项目正式开工之前，承包人需要有足够的施工准备时间；在工程竣工交付之后，还需要办理竣工结算并留出保修期的时间；另外，在工程实施过程中，由于不可抗力、工程变更或者突发事件导致工期延长，都会使得施工合同的履行期限具有长期性特征。

（3）合同内容复杂

建设工程施工合同除了具备一般合同的条款之外，考虑到建筑产品的特殊性，其还具备一系列更为详尽复杂的内容。《建设工程施工合同（示范文本）》（GF-2017-0201）中包含了合同协议书、通用条款、专用条款等内容。通用条款依据《建筑法》和《合同法》相关规定，就工程建设的实施及相关事项列出了20条内容；同时在专用条款中，可以对通用条款进行细化、补充、修改和完善。在示范文本中涉及进度、质量、投资、安全、材料运输、劳动、保险与索赔等诸多内容，因此具有复杂性特征。

（4）合同监督管理严格

由于建设工程项目对经济、社会、生活影响巨大，因此国家对建设工程施工合同的监督管理比较严格。一般情况下，各地都有相应规定，要求发包人和承包人在签订合同后一定时期内，将合同送往工程所在地的县级以上地方人民政府建设行政主管部门进行备案。其一，建设工程施工合同的承包人一般只能是法人并需要具备从事施工任务的相应资质；其二，订立合同需要遵循国家关于建设程序的规定；其三，施工合同履行过程中，合同当事人、合同主管部门、金融机构、建设行政主管部门都会依法对施工合同的履行进行监督管理。

4.1.2　建设工程施工合同的订立

建设工程施工合同的订立是指发包人和承包人为了建立工程承发包合同关系，展开合同内容的谈判与协商，最终形成正式文本并签署合同的过程。在订立建设工程合同时，承发包双方均应遵循现行《合同法》、《建筑法》、《招标投标法》、《建设工程质量管理条例》等法律法规的具体规定，参照《建设工程施工合同（示范文本）》的合同条件明确承发包双方的权利与义务关系。

合同的订立意味着承发包双方经过工程招标投标活动，协商一致，从而建立了平等基础上的建设工程合同法律关系。订立合同是一种法律行为，双方应当认真对待，斟酌合同条款，做到公平、公正、合法有效。

1. 施工合同订立的条件

通常情况下，订立建设工程施工合同应当具备以下条件：

(1) 初步设计和项目总概算已经获得批准；

(2) 国有资金投资的项目已经列入了国家或者地方年度建设计划；

(3) 具有能够满足项目施工需要的设计文件和有关技术资料；

(4) 建设资金以及主要建筑材料和设备来源已经确定；

(5) 具备建设条件或者开工前能够完成；

(6) 发包人和承包人具备签订合同并履行合同的资格；

(7) 招标投标工作已经完成，中标通知书已经发送至中标人。

2. 施工合同订立应遵循的原则

依据《建筑法》与《合同法》之相关规定，订立建设工程施工合同应遵循下列原则。

(1) 遵守国家的法律、法规与相关政策

《建筑法》第五条明确规定："从事建筑活动应当遵守法律、法规，不得损害社会公共利益和他人的合法权益。"《合同法》第七条明确规定："当事人订立、履行合同，应当遵守法律、行政法规，尊重社会公德，不得扰乱社会经济秩序，损害社会公共利益。"由于建设工程施工对社会、经济具有诸多影响，国家制定了相应的法律、法规以及强制性标准、规范等文件，并结合地方发展和产业特点颁布了相应的政策，发包人和承包人均应遵守执行。

(2) 平等、自愿、公平的原则

《合同法》第三条、第四条和第五条分别规定了合同当事人应当在平等、自愿、公平的基础上签订合同。《建筑法》第十六条也规定："建筑工程发包与承包的招标投标活动，应当遵循公开、公正、平等竞争的原则，择优选择承包单位。"签订合同的双方当事人是具有平等地位的民事主体，任何一方都不得强迫对方接受不平等的合同条件，合同文本的内容是双方当事人的真实意思表示，对双方都是公平、合理的。对于显示公平的合同条款，当事人一方是可以采取法律手段予以变更或者撤销的。

(3) 诚实信用原则

诚实信用是要求发包人和承包人在订立合同过程中诚实守信，不得采取欺诈手段谋取利益，双方当事人应当将自身真实情况和项目实际状况告知对方。合同履行期间，双方当事人应当严格遵守合同约定，诚实守信。《合同法》第六条规定："当事人行使权利、履行义务应当遵循诚实信用原则。"《合同法》第六十条规定："当事人应当遵循诚实信用原则，根据合同的性质、目的和交易习惯履行通知、协助、保密等义务。"

3. 施工合同订立的方式

通常情况下，建设工程施工合同可以采取直接发包和招标发包两种方式。对于必须招标发包的项目，都应该通过招标方式确定承包人。国家发展改革委印发的《必须招标的工程项目规定》(国家发展改革委令第16号)，明确规定了必须招标的工程项目范围。招标方式可以分为公开招标和邀请招标。施工合同的签订，无论采取何种方式，其订立均包括了要约和承诺两个具体阶段。需要注意的是，招标人通过媒体发布的招标公告或者直接向潜在投标人发送的投标邀请书，属于邀约邀请；投标人根据招标文件内容的约定向招标人发出的投标文件是要约，招标人通过评标活动确定中标人，发出中标通知书视为承诺。

4. 建设工程施工合同谈判

招标人在明确中标人并发出中标通知书之后，双方就可以进入合同谈判阶段，进一步商谈施工合同的具体内容和有关条款。《招标投标法》第四十三条规定："在确定中标人前，招标人不得与投标人就投标价格、投标方案等实质性内容进行谈判。"

招标人和中标人可以依据招标文件和投标文件针对以下内容展开谈判。

(1) 关于工程内容和工程范围的确认

招标人和中标人可以针对招标文件中某些不明确的具体内容进行讨论、修改、细化，从而确定具体的工程项目发包内容和范围。在谈判中双方达成一致的内容，包括在谈判讨论中经双方确认的工程内容和范围方面的修改或调整，应以文字方式确定下来，并以《合同补遗》或《会议纪要》方式作为合同附件，并明确它是构成合同的一部分。

(2) 关于技术要求、技术规范和施工技术方案

双方尚可对技术要求、技术规范和施工技术方案等进行进一步讨论和确认，必要的情况下甚至可以变更技术要求和施工方案。

(3) 关于合同价格条款

通常情况下，招标文件中会明确规定合同采用何种计价方式，在合同谈判阶段是不可以改变合同计价方式的。但是中标人在谈判过程中仍然可以通过提出改进方案的方式降低、转移或者规避风险。

(4) 关于价格调整条款

建设工程项目通常可能会因为工期较长、货币贬值或通货膨胀等因素影响到承包人，合理的价格调整条款可以降低承包人由于不可控风险造成的意外损失。在建设工程实践中，由于各种原因往往导致费用增加，造成远远超过原定的合同总价。对于承包人来讲，在投标阶段以及合同谈判阶段，高度重视合同的价格调整条款是尤为必要的。

(5) 关于合同款支付方式的条款

建设工程施工合同价款支付通常分为四个阶段进行，即工程预付款、工程进度款、竣工结算和退还保留金。关于支付时间、支付方式、支付条件和支付审批程序等可以由承发包双方灵活处置，但是不同方式的选择可能对承包人的成本、进度等产生比较大的影响，承发包双方在谈判中必须对合同价款支付方式的有关条款加以重视。

(6) 关于工期和维修期

中标人与招标人可根据招标文件中要求的工期，或者根据投标人在投标文件中承诺的工期，并考虑工程范围和工程量的变动而产生的影响来商定一个确定的工期。同时，还要明确开工日期、竣工日期等。

对于具有较多的单项工程的建设工程项目，可在合同中明确允许分部位或分批提交业主验收（例如成批的房屋建筑工程应允许分栋验收；分多段的公路维修工程应允许分段验收；分多片的大型灌溉工程应允许分片验收等），并从该批验收时起开始计算该部分的维修期，以缩短承包人的责任期限，最大限度的保障其利益。

(7) 合同条件中其他特殊条款的完善

其他特殊条款主要包括：关于合同图纸，关于违约罚金和工期提前奖金，工程量验收以及衔接工序和隐蔽工程的验收程序，关于施工占地，关于向承包人移交施工现场和基础资料，关于工程交付，预付款保函的自动减额条款等。

在合同谈判阶段，双方谈判的结果一般以《合同补遗》的形式，有时也可以以《合同谈判纪要》的形式形成书面文件。谈判结束后，需要对所有在招标投标及谈判前后各方发出的文件、文字说明、解释性资料进行清理。凡是与上述合同构成内容有矛盾的文件，应宣布作废。在双方签署的《合同补遗》中，可以对此做出排除性质的声明。

双方在合同谈判结束后，应按上述内容和形式形成一个完整的合同文本草案，经双方代表认可后形成正式文件。此时，承包人应及时准备和递交履约保函，准备正式签署施工承包合同。

5. 建设工程施工合同最终文本的确定与合同签订

在签订合同之前，承包人应对合同的合法性、完备性、合同双方的责任、权益以及合同风险进行评审、认定和评价。

依据《合同法》现行规定，施工合同的内容应包括：工程范围、建设工期、中间交工工程的开工和竣工时间、工程质量、工程造价、技术资料交付时间、材料和设备供应责任、拨款和结算、竣工验收、质量保修范围和质量保证期、双方相互协作等条款。

事实上，建设工程施工承包合同文件的构成不仅仅是建设工程施工合同本身，还应该包括以下组成部分：合同协议书，工程量及价格，合同条件（包括合同一般条件和合同特殊条件），投标文件，合同技术条件（含图纸），中标通知书，双方代表共同签署的《合同补遗》（有时也以《合同谈判会议纪要》形式），招标文件，其他双方认为应该作为合同组成部分的文件（如投标阶段业主要求投标人澄清问题的函件和承包人所做的文字答复、双方往来函件等）。

依据《招标投标法》第四十五条、第四十六条、《合同法》第二百七十条之规定，招标人和中标人应当自中标通知书发出之日起三十日内，按照招标文件和中标人的投标文件订立书面合同。中标通知书发出后，招标人改变中标结果的，或者中标人放弃中标项目的，应当依法承担法律责任。

这里所说的书面形式是指合同文件、信函、电报、传真等可以有形地表现所记载具体内容的形式。

4.1.3 “营改增”之后建设工程施工合同签订需要注意的问题

营业税改增值税，简称营改增，是指以前缴纳营业税的应税项目改成缴纳增值税。营改增是党中央、国务院，根据经济社会发展新形势，从深化改革的总体部署出发做出的重要决策。营改增政策全面推广实施之后，企业管理的合规性将会直接影响企业的总体税负水平。对于施工企业而言，在施工合同签订与履行过程中对税务风险需要加以重视。

1. 施工合同签订时需要着重明确价格条款

众所周知，增值税是价外税，在施工合同签订时应当明确合同价款是否包含税金，以避免后期合同履行时出现争议。合同价款应当明确合同的含税总价、合同价（不含税）以及税金总额。如果签订的施工合同中的合同价格是含税价款，则一定要附加发票类型（增值税专用发票或者增值税普通发票）和税率的限制，否则对施工企业项目成本影响是非常大的；如果施工合同中约定的是不含税价格，则企业可以根据发票类型，决定付款金额。

一般情况下，施工合同及其补充文件中所说的价款或者价格都是含税价格，包含了增值税税款和其他所有发生的税费。因此合同价款形式的约定对于建设单位或者施工单位来说都是非常重要的，亟待引起重视。

2. 施工合同签订时需要明确税务信息相关条款

在施工合同签订过程中，纳税主体信息、应纳税行为种类以及纳税范围、适用税率等内容需要详细约定，保证合同主体信息与实际发票中记录的信息是相同的，以避免施工合同履行过程中出现对合同条款理解不一致而造成的争议。

3. 施工合同签订时明确约定开具发票的义务及具体处理细节

在施工合同中，应当明确乙方（通常是施工单位、承包人）开具发票的义务以及发票的质量要求、开具时间、送达时间、送达方式、发票遗失处理方式、发票内容变更的处理方式等内容，预先做好事前控制和风险防控，避免履约过程中的纠纷，防患于未然。

（1）发票质量要求

发票质量要求是指对于承包人签订的发票的具体形式和实质内容的要求。主要包括发票开具的金额、增值税发票加盖的专用公章、发票开具时间以及其他具体规定等内容，确保发票所记载内容的真实、详细、合规。

（2）发票的开具及其送达

一般情况下，增值税专用发票要求自开具之日起 360 日内在税务机关办理认证手续，逾期认证的增值税专用发票将会导致无法实现抵扣操作，因此在实践中应当在合同中明确约定涉及发票的开具和送达的相关条款以规避由此产生的风险。具体处理方式可以由乙方（承包人）先开具发票并按时送达，在甲方（发包人）完成发票认证后，甲方（承包人）支付相对应的工程价款。当然我们也应该注意到甲方（发包人）此时面临的风险，即乙方（承包人）以甲方（发包人）接受并进行了发票认证而主张其认可了乙方的合同义务。合同对此可以进一步约定，甲方接受并认证发票的行为并不意味着甲方对乙方合同应尽义务的确认。

（3）发票遗失

发票遗失的情况在建筑实践中时有发生，可能是甲方的原因也可能是乙方的原因。如果是由于甲方原因造成的发票遗失，乙方应当出具遗失发票记账联的复印件，同时乙方单位所在地税务部门应出具《丢失增值税专用发票已报税证明单》；如果是由于乙方原因造成的发票遗失，乙方应当负责提供原发票开具的相关凭据或者重新开具发票以保证甲方报税。

4. 发票记载项目变更条款

在实际工作中，存在着开具发票的记载项目与实际发生业务不符的情形。对于此种情况，应当在建设工程施工合同中加以预先约定，否则有可能被认定为虚开发票。可以采取以下处理方式：约定乙方开具发票后，如果发生实际发生业务与发票记载项目不符或者发生变化的情况，甲方应当书面通知乙方，并约定发出书面通知的时限以及双方不按照约定处理的责任与义务。

综上所述，在“营改增”的背景下，无论是甲方还是乙方，管理人员都应该主动了解税收政策改变对企业造成的税务风险，在签订建设工程施工合同时一定要遵循现行的财税政策和法律法规。作为建筑施工企业，合理避税是允许的，但应该是在合法以及遵循合同约定的前提下实现的。因此，建筑施工企业应当事先做好风险防控，准备多个方案，在与发包人充分协商的基础上选定符合双方利益的计价方式并签订合同。

4.2 建设工程施工合同类型与合同计价方式

4.2.1 施工合同类型

工程承发包方式是指发包人和承包人之间的经济关系形式。按照不同的标准，建设工程合同可以划分为不同类型。

1. 按承包范围划分

按承包范围划分，工程项目施工合同可以分为建设全过程承包合同、阶段承包合同、专项承包合同和建设—运营—转让承包合同。

(1) 建设全过程承包合同

建设全过程承包合同，也称为工程项目总承包合同，即通常所说的“交钥匙”合同。采用这种合同的工程项目主要是大中型工业、交通和基础设施项目。投资商一般只要提出使用要求和建设期限，总承包商即可对项目建议书、可行性研究、勘察设计、设备询价与采购、材料供应、建筑安装施工、生产职工培训直至竣工投产实行全面总承包，并负责对各阶段、各专业的分包商进行综合管理、协调和监督。

这种合同的优越性是可以积累经验和充分利用已有的成就经验，达到节约投资、缩短建设周期、保证工程质量、提高经济效益的目的。当然，也要求总承包单位必须具有雄厚的技术经济实力和较强的组织管理能力。为此，国际上一些大承包商往往和勘察设计机构组成一体化的承包公司，或更进一步扩展到若干专业承包商和器材生产供应厂商，形成横向的经济联合体，以增强竞争实力。这是近二三十年来建筑业发展的一种新趋势。

(2) 阶段承包合同

阶段承包合同是以建设过程中的某一阶段的工作为标的的承包合同。主要有工程项目可行性研究合同、勘察设计合同、材料设备采购供应合同、建筑安装施工合同以及设计—施工合同等。其中，施工阶段承包合同按承包内容又可分为全部包工包料、包工不包料以及包工包部分材料合同。

1) 全部包工包料合同，即承包方承包工程所用的全部人工和材料。这种合同的采用较普遍。

2) 包工不包料合同，即劳务合同，俗称“包清工”。承包方仅按发包方的要求提供劳务，不承担提供任何材料的义务。我国在对外承包工程以及国内工程中使用农村建筑队伍，都存在这种合同形式。

3) 包工包部分材料，即承包方负责提供施工所需要全部人工和部分材料，其余部分材料由发包单位负责供应。我国长期实行的由建设单位负责提供统配材料的做法，就属于这种合同。

(3) 专项承包合同

专项承包合同是以工程项目建设过程中某一阶段某一专业性项目为标的的承包合同。其内容有的属技术服务性质，如可行性研究中的辅助研究项目、勘察设计阶段的工程地质勘察、供水水源勘察、特殊工艺设计等；有的属专业施工性质，如深基础处理、各种专用设备系统的安装等。这种合同通常由总承包单位与相应的专业分包单位签订，有时也可由建设单位与专业承包商签订直接合同。总承包商应为专业承包商的工作提供便利条件，并协助现场有关各方面的关系。

（4）建设—运营—转让承包合同

建设—运营—转让承包合同，简称BOT合同，是20世纪80年代新兴的一种带资承包方式。该方式是指政府部门就某个基础设施项目与私人企业（项目公司）签订特许权协议，授予签约方的私人企业（包括外国企业）来承担该项目的投资、融资、建设和维护，在协议规定的特许期限内，许可其融资建设和经营特定的公用基础设施，并准许其通过向用户收取费用或出售产品的方式来清偿贷款、回收投资并赚取利润。政府对这一基础设施有监督权、调控权，特许期满之后，签约方的私人企业应将此基础设施无偿或有偿移交给政府部门。

BOT方式主要适用于大型工程项目的建设，如高速公路、地下铁道、海底隧道、发电厂等。

2. 按照承包人所处的地位

（1）总承包

总承包方式是指一个建设工程项目全过程或者其中某个或者几个阶段的全部工作交由一个承包人组织实施。该承包人可以将自己承包范围内的若干专业性工作交给不同的专业承包人去完成，并对其进行统一的协调与监督管理。通常情况下，发包人只与总承包人发生直接联系，各专业承包人（分包人）直接与总承包人发生联系，发包人与各分包人不发生直接联系。

《建筑法》第二十四条规定："建筑工程的发包单位可以将建筑工程的勘察、设计、施工、设备采购一并发包给一个工程总承包单位，也可以将建筑工程勘察、设计、施工、设备采购的一项或者多项发包给一个工程总承包单位；但是，不得将应当由一个承包单位完成的建筑工程肢解成若干部分发包给几个承包单位。"

总承包是当前建筑行业采用较多的一种工程承包模式，具有以下特点：

1）对于发包人来讲，合同结构简单，发包人只与总承包人签订总承包合同，对发包人的组织管理能力和协调能力要求较低；

2）对于总承包人而言，施工任务较为繁重，对整个工程项目承担全部责任，风险较大。但是总承包人可以充分发挥自身的管理与技术优势，在组织与管理方面具有自主性，具有较大的效益潜力；

3）有利于实现以总承包人为核心，结合工程特点选择最适合的施工队伍组合，有利于工程项目总体目标的实现；

4）总承包模式有利于发包人控制总造价，在招标投标阶段及合同谈判阶段，如果能够将项目实际情况、工程造价、计价依据、支付方式等描述清楚，明确双方权利与义务关系，在施工过程中只要不出现合同约定以外的工程变更和调整，则一般不会出现合同价款的调整。因此有利于促进总承包人在力求造价不变的条件下，通过降低成本提高经济效益。

（2）分承包

分承包也称为分包，是一种相对于总承包的承发包模式，是指分包人从总承包人承揽的工程项目范围内分包某一分项工程或者某一专业工程。分包人一般都是专业工程公司，比如设备安装公司、装饰装修公司等。建筑工程总承包单位按照总承包合同的约定对建设单位负责；分包单位按照分包合同的约定对总承包单位负责。总承包单位和分包单位就分包工程对建设单位承担连带责任。

《建筑法》第二十八条、第二十九条规定：建筑工程总承包单位可以将承包工程中的部分工程发包给具有相应资质条件的分包单位；但是，除总承包合同中约定的分包外，必须经建设单位认可。施工总承包的，建筑工程主体结构的施工必须由总承包单位自行完成。禁止承包单位将其承包的全部建筑工程转包给他人，禁止承包单位将其承包的全部建筑工程肢解以后以分包的名义分别转包给他人。禁止总承包单位将工程分包给不具备相应资质条件的单位。禁止分包单位将其承包的工程再分包。

《合同法》第二百七十二条规定："总承包人或者勘察、设计、施工承包人经发包人同意，可以将自己承包的部分工作交由第三人完成。第三人就其完成的工作成果与总承包人或者勘察、设计、施工承包人向发包人承担连带责任。承包人不得将其承包的全部建设工程转包给第三人或者将其承包的全部建设工程肢解以后以分包的名义分别转包给第三人。"

现行的分包方式有两种：总承包合同约定的分包和总承包合同未约定的分包。事实上，分包均应经过发包人同意才可以进行。

(3) 独立承包

独立承包是指承包人依靠自身力量自行完成建设工程项目的全部施工任务的承发包方式。此种方式适用于技术比较简单、规模比较小的工程项目。

独立承包合同可以划分为以下几种合同形式：工程总承包合同、工程分包合同、劳务分包合同等。

(4) 联合体承包

联合体承包是指发包人将建设工程项目发包给两个以上承包人组成的联合体共同承包。联合体承包通常适用于大型工程或者结构比较复杂的工程项目。

联合体承包与独立承包不同，是由两个以上的法人或者其他组织组成一个联合体，以一个承包人的身份承揽项目。联合体本身是一个临时性的组织，是不具有法人资格的，其组成联合体的目的是增强竞争能力、分散风险或者弥补技术力量的不足，从而提高工程承揽项目完工的可靠性。联合体各方均是独立经营的企业，需要事先达成联合协议，推选承包代表人，协调承包人之间的关系，统一与发包人签订承发包合同。联合体各方在联合协议中需要明确各方的权利义务关系，共同承担连带责任。大型建筑工程或者结构复杂的建筑工程，可以由两个以上的承包单位联合共同承包。共同承包的各方对承包合同的履行承担连带责任。

《建筑法》第二十七条规定："大型建筑工程或者结构复杂的建筑工程，可以由两个以上的承包单位联合共同承包。共同承包的各方对承包合同的履行承担连带责任。两个以上不同资质等级的单位实行联合共同承包的，应当按照资质等级低的单位的业务许可范围承揽工程。"

《招标投标法》第三十一条规定："联合体各方均应当具备承担招标项目的相应能力；国家有关规定或者招标文件对投标人资格条件有规定的，联合体各方均应当具备规定的相应资格条件。由同一专业的单位组成的联合体，按照资质等级较低的单位确定资质等级。联合体各方应当签订共同投标协议，明确约定各方拟承担的工作和责任，并将共同投标协议连同投标文件一并提交招标人。联合体中标的，联合体各方应当共同与招标人签订合同，就中标项目向招标人承担连带责任。招标人不得强制投标人组成联合体共同投标，不得限制投标人之间的竞争。"

(5) 直接承包

直接承包也称为平行承包，是指发包人将建设工程项目工程任务划分为若干独立的专业工程（如基础工程、主体工程、屋面工程、通风空调、消防报警自控系统、电梯等），分别与承包人签订合同，由承包人各自就其承揽的工程任务对发包人负责。各承包人之间是平行关系，不存在总承包与分承包的关系，现场的组织协调工作由发包人来完成，或者由发包人委托专门的项目管理公司，也可以由某一个特定承包人来完成。

直接承包合同一般来说包括以下三种形式：

1）单项工程的承包，将专业工程直接承包给特定的承包人；

2）工程总承包，虽然仍然可能存在其他的承包人（分包人），但是对总承包人而言，其承包合同是直接承包合同；

3）联合承包，虽然存在两个或者两个以上的承包人，但是两个或两个以上单位是以联合体的形式共同承包，共同承包各方可以视为一个整体，共同对承包合同承担连带责任。

《合同法》第二百七十二条第一款规定：“发包人可以与总承包人订立建设工程合同，也可以分别与勘察人、设计人、施工人订立勘察、设计、施工承包合同。”《建筑法》第二十四条也有类似的规定。需要注意的是，发包人不得将应当由一个承包单位完成的建筑工程肢解成若干部分发包给几个承包单位。

3. 按计价方式划分

合同价格是指发包人用于支付承包人按照合同约定完成承包范围内全部工作的金额，包括合同履行过程中按合同约定发生的价格变化。

根据合同计价方式的不同，建设工程合同可以分为总价合同、单价合同和成本加酬金合同三种类型。如图 4-2 所示。

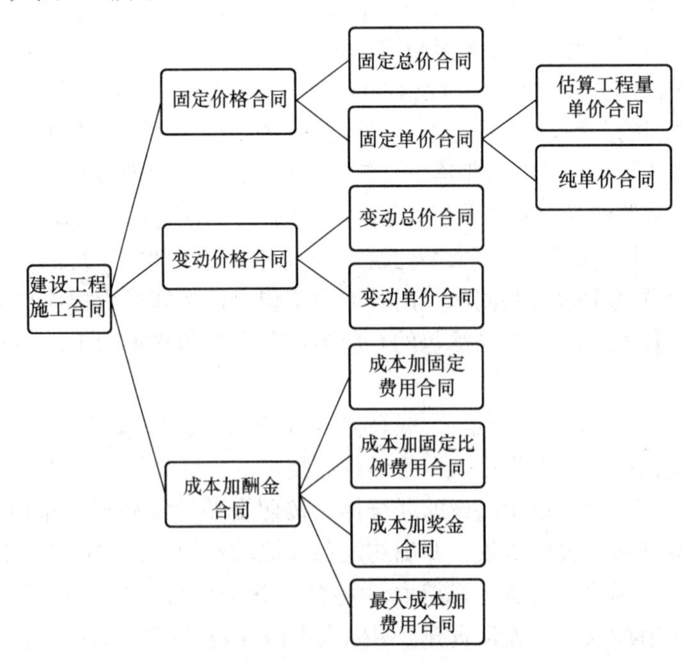

图 4-2　按计价方式分类的合同形式

（1）总价合同

总价合同是指合同当事人约定以施工图、已标价工程量清单或预算书及有关条件进行合同价格计算、调整和确认的建设工程施工合同，在约定的范围内合同总价不作调整。总价合同可以分为固定总价合同和变动总价合同。

（2）单价合同

单价合同是指合同当事人约定以工程量清单及其综合单价进行合同价格计算、调整和确认的建设工程施工合同，在约定的范围内合同单价不作调整。单价合同可以分为固定单价合同和变动单价合同。

（3）成本加酬金合同

成本加酬金合同是由发包人向承包人支付工程项目的实际成本，并按事先约定的某一种方式支付酬金的合同类型。成本加酬金合同可以划分为成本加固定费用合同、成本加固定比例费用合同、成本加奖金合同、最大成本加费用合同等四种类型。

4.2.2 施工承包合同的计价方式

1. 单价合同

承发包双方采用单价合同，通常会约定以工程量清单及综合单价进行合同价款的计算、调整和确认。当施工发包的工程内容和工程量一时尚不能十分明确、具体地予以规定时，则可以采用单价合同。单价合同一般是根据计划完成的工程内容和估算工程量，在合同中明确每项工程内容的单位价格（如每米、每平方米、每立方米、每工日、每吨的价格），支付工程价款时则根据每一个子项的实际完成工程量乘以该子项的合同单价，从而计算该项工作的实际应付工程款。

单价合同中，计算工程价款依据单价优先的原则。单价合同中可能也存在工程总价，但是实际支付时并不是依据工程总价进行结算。在FIDIC土木工程合同中，业主给出的工程量清单中的工程量仅是具有参考作用，实际工程款是按照实际完成的工程量和合同中约定的单价进行计算的。虽然在投标报价、评标以及签订合同中，人们常常注重总价格，但在工程款结算中单价优先，对于投标书中明显的数字计算错误，业主有权力先作修改再评标，当总价和单价的计算结果不一致时，以单价为准调整总价。

例如，某单价合同的投标报价单中，投标人报价如表4-1所示。

分部分项工程量清单与计价表 **表4-1**

序号	项目名称	计量单位	工程量	综合单价（元）	合价（元）
1					
2					
…					
m	泡沫混凝土	m^3	100	220	220000
…					
合计					8000000

根据上表中所提供的投标人的投标单价以及招标人提供的工程量，泡沫混凝土的合计价格应该是100×220＝22000元，但是投标人实际填写的数字是220000元，在评标时需要根据单价优先原则进行修正，正确的投标报价是8000000＋（22000－220000）＝

7802000元。

在工程实施过程中，如果实际完成的工程量是150m^3，则泡沫混凝土工程的价款应该是220×150=33000元。

由于单价合同允许承包人随工程量变化而调整工程总价，对于发包人和承包人而言都不存在工程量方面的风险，所以此种合同对于承发包双方都是比较公平的。另外，在招标前，发包人无需对工程范围做出完整的、详尽的规定，从而可以大大缩短招标准备时间，投标人也只需对所列工程内容报出自己的单价，从而缩短投标时间。

采用单价合同对发包人的影响主要体现在以下两方面：第一，业主需要安排专门力量来核实已经完成的工程量，需要在施工过程中花费不少精力，协调工作量大；第二，用于计算应付工程款的实际工程量可能超过预测的工程量，即实际投资容易超过计划投资，对投资控制不利。

单价合同一般适用于下列项目：

1）合同价款采用FIDIC合同条款，业主委托工程师管理的项目；

2）普通房屋建筑工程，采取的结构形式基本类似，通常采用标准化和定型化设计，工程量清单比较符合实际；

3）设计图纸比较详细，工程范围明确，图纸说明和技术规程清楚，工程量计算基本正确，不能用工程量计算的包干项目明确。

单价合同又分为固定单价合同和变动单价合同。

（1）固定单价合同

固定单价合同是指合同的价格计算是以图纸及规定、规范为基础，工程任务和内容明确，业主的要求和条件清楚，合同单价固定不变，即不再因为环境的变化和工程量的增减而变化的单价合同。固定单价合同条件下，无论发生哪些影响价格的因素都不对单价进行调整，因而对承包商而言就存在一定的风险。固定单价合同适用于工期较短、工程量变化幅度不会太大的项目。

固定单价合同可以划分为估算工程量单价合同和纯单价合同。

1）估算工程量单价合同

估算工程量单价合同通常是由发包人或者委托具有相应资质条件的工程造价咨询企业提出的工程量清单，分别列出工程项目的分部分项工程及部分措施项目工程量，由承包人依据上述工程量，经过计算复核之后填报综合单价，然后汇总计算得出工程总造价。此种合同通常情况下是不可以调整单价的，但是实际结算时是依据实际发生的工程量照实结算，因此承包人只承担报价风险，而工程量变动风险是由发包人承担的。

2）纯单价合同

纯单价合同是指发包人在签订合同前只提供发包工程项目的分部分项工程一览表以及相应的工程范围，而不提供具体的工程量。承包人在投标时只需要对给定范围的分部分项工程填报综合单价，实际结算时按照实际完成的工程量照实结算。

（2）变动单价合同

变动单价合同是指在合同中签订的单价，根据合同约定的条款，如在工程实施过程中物价发生变化等，可作调整的单价合同。有的工程在招标或签约时，因某些不确定因素而在合同中暂定某些分部分项工程的单价，在工程结算时，再根据实际情况和合同约定合同单价进行调整，确定实际结算单价。当采用变动单价合同时，合同双方可以约定一个估计的工程量，当实际工程量发生较大变化时可以对单价进行调整，同时还应该约定如何对单价进行调整；当然也可以约定，当通货膨胀达到一定水平或者国家政策发生变化时，可以对哪些工程内容的单价进行调整以及如何调整等。因此，承包商的风险就相对较小。

在工程实践中，采用单价合同有时也会根据估算的工程量计算一个初步的合同总价，作为投标报价和签订合同之用。但是，当上述初步的合同总价与各项单价乘以实际完成的工程量之和发生矛盾时，则肯定以后者为准，即单价优先。实际工程款的支付也将以实际完成工程量乘以合同单价进行计算。

【例 4-1】某项目业主 A 就某建设工程项目与承包人 B 签订了《建设工程施工合同》。由于该工程工期较紧，工程量事先未能准确计算，但是已经明确了工程性质和工程内容，施工合同文件规定承包人必须严格按照施工图纸及合同文件规定进行施工，工程量由工程师依据规定进行测量确定。

问题：该工程采用何种类型的合同计价方式为宜？为什么？

【参考答案】

该工程适宜采用单价合同。因为工程项目性质清楚，内容明确，工程量计算方法和计量方式已经比较清楚，仅仅是工程量事先未能准确确定，因此适宜采用单价合同。

2. 总价合同

总价合同是指依据施工承包合同约定的建设工程施工内容和有关条件，发包人应当支付给承包人的价款是一个明确的工程价款，即根据建设工程项目招标时发布的招标文件的要求和条件，当工程施工任务的内容和条件不发生变化时，发包人支付给承包人的合同价款总额是固定的。

通常情况下，采用总价合同，都要求承包人对所承包工程的内容以及各种条件都应当基本清楚、明确，否则承包人将会承担较大的风险。因此，采用总价合同通常都是在施工图设计基本完成、施工任务和施工范围都比较明确、发包人的目标、要求和条件都比较清晰的情况下采用。但是，也要注意到，此种合同也面临需要花费较多的勘察设计时间、项目建设总周期变长、开工后难以变更或者工程变更会带来较多的工程索赔、难以让承包人及早参与工程项目设计等问题，因此对业主来讲，也是存在一定风险的。

具体来讲，总价合同具有以下突出的特点：

1）有利于发包人在投标报价阶段确定项目的总造价，较早确定或者预测工程成本；

2）发包人承担的风险较小，承包人承担的风险较多；

3）评标时易于采用经评审的最低投标价法确定中标人；

4）有利于极大地调动承包人的积极性进行工期优化；

5）发包人能更容易、更有把握地实现项目管理目标；

6）发包人必须完整而明确地规定承包人的工作；

7）发包人必须具有详细的施工图设计，避免较大的工程变更。

在工程量清单计价条件下，总价合同和单价合同在形式上是很相似的，例如，在有的总价合同的招标文件中也有工程量清单，也要求承包人提出各分项工程的报价，这与单价合同在形式上很相似，但两者在性质上存在非常明显的差异。总价合同是以总价优先为原则，承包人的投标报价是以总价为准的，双方经过谈判并确定合同总价，工程交付之后也是依照总价进行结算。

总价合同具体来讲可以划分为固定总价合同和变动总价合同两类。

(1) 固定总价合同

固定总价合同是指发包人在施工合同中要求承包人按照谈判确定的固定总价承揽工程，总价一旦确定后不允许变更的合同形式。

固定总价合同的价格计算是以工程项目所提供的施工图纸、招标文件、标准规范为基础，工程任务及内容明确，发包人的要求条件清晰，合同总价不因为施工场地环境变化以及工程量变化而改变，也称为总价包干、一口价、包死价等。固定总价合同中，承包人需要承担所有的因为工程量变化和价格变化引起的项目风险。因此承包人在投标报价或者谈判时，应当充分估计价格变动以及不可见因素造成的费用变动，并将其综合考虑到合同价格中。

固定总价合同之所以被广泛采用，其原因是此种合同类型具有较为完备的法律规定以及实践经验；另外对于发包人而言，在合同签订时就确定项目的总造价，发包人的投资控制风险较小。在承发包双方均无法对工程项目风险准确预测的条件下，同时考虑到工程量变更的因素，几乎所有的风险都转移给了承包人，对发包人来讲是非常有利的。当然，也并不意味着采用此种合同形式对承包人绝对不利，在承包人管理、技术水平比较高的情况下，如果承包人能够有效控制风险，也能够获得较好的效益。但是工程变更以及不确定性因素也经常会引起承发包双方的合同纠纷，从而导致额外费用的增加。对于承包人而言其主要风险来自两个方面：其一是价格风险，包括报价错误、计算错误、项目漏报、物价上涨、人工费上涨等；其二是工程量风险，包括工程量计算不准确、工程范围不明确、工程变更、设计深度不够产生的误差等。

当然，在固定总价合同中，也可以预先约定在发生重大工程变更或者工程变更幅度超过一定幅度时对合同价款进行调整的条款。此时需要明确重大工程变更的定义，工程变更幅度的具体区间以及工程变更的具体条件等内容，同时约定如何调整工程价款。

固定总价合同的一个较为突出的优势就是结算容易。通常情况下，固定总价合同适用于以下几种情形：

1) 工程量比较小、工期比较短，估计在施工过程中现场环境因素变化较小，工程条件稳定并合理的中小型建筑工程项目；

2) 工程前期工作比较充分，设计依据和基础资料准确详实，工程设计工作比较详细，图纸内容完整、清楚、正确，工程内容、规模、项目划分清楚、准确；

3) 工程结构简单，技术不复杂，风险小；

4) 投标期相对富余，承包人有充足的时间分析招标文件、考察现场获得详细现场数据并计算复核工程量，从而拟订具体的施工计划。

(2) 变动总价合同

变动总价合同又称为可调总价合同，合同价格是以工程项目图纸、招标文件以及标准规范为基础，按照时价进行计算，得到包括全部工程任务和内容的暂定合同价格。变动总价是一种相对固定的价格，在施工合同执行过程中，由于通货膨胀等原因而使工程项目在实施过程中所使用的人工、材料、机械等成本增加时，可以按照合同约定对合同总价进行相应的调整。

当然，一般由于设计变更、工程量变化和其他工程条件变化所引起的费用变化也可以进行调整。因此，通货膨胀等不可预见因素的风险由业主承担，对承包商而言，其风险相对较小，但对业主而言，不利于其进行投资控制，工程决算超预算的可能性比较大。

在工程施工承包招标时，施工期限一年以内的工程项目一般实行固定总价合同，通常不需要考虑价格调整问题，以签订合同时的单价和总价为准，物价上涨的风险全部由承包商承担。对建设周期一年半以上的工程项目，在签订合同时，就应该充分考虑下列因素引起的价格变化问题：

1）劳务工资以及材料费用的上涨；

2）运输费、燃料费、电力等影响工程造价的因素价格发生变化；

3）外汇汇率不稳定；

4）国家或者工程所在地省、市的政策法规变动引起的工程费用的上涨。

3. 成本加酬金合同

成本加酬金合同又称为成本补偿合同，是指依据施工合同约定的内容，除了按照工程项目实际发生的成本费用以外，发包人额外支付一部分报酬给承包人的合同形式。这种合同形式，与固定总价合同具有明显得差异。在合同签订时，工程实际成本往往不能确定，只能确定酬金的取值比例或者计算原则。

采用这种合同，承包商不承担任何价格变化或工程量变化的风险，这些风险主要由业主承担，对业主的投资控制很不利。而承包商则往往缺乏控制成本的积极性，常常不仅不愿意控制成本，甚至还会期望提高成本以提高自己的经济效益，因此这种合同容易被那些不道德或不称职的承包商滥用，从而损害工程的整体效益，这也使得建筑实践中，承包人由于无风险，其报酬也会相对较低。

成本加酬金合同通常适用于以下情形：

1）工程特别复杂，工程技术、结构方案不能预先确定，或者尽管可以确定工程技术和结构方案，但是不可能进行竞争性的招标活动并以总价合同或单价合同的形式确定承包商，如研究开发性质的工程项目。

2）时间特别紧迫，如抢险、救灾工程，来不及进行详细的计划和商谈。对业主而言，这种合同形式也有一定优点，如：①无须具备所有施工图就可以开始分段招标并组织施工；②可以有效地激励承包人积极和快捷的应对工程变更和不可预见事件；③可以及时吸取承包人的施工技术专家的建议，以弥补设计过程中存在的潜在不足；④发包人可以根据自身力量和需要，较深入地介入和控制工程施工和管理；⑤发包人也可以通过确定最大保证价格约束工程成本不超过某一限值，从而转移一部分风险。

对承包人来讲，成本加酬金合同比固定总价合同的风险低，有效地保证了企业的效益。但是由于合同存在不确定性而且设计尚未完成，因此无法准确确定合同的工程内容、工程量以及项目工期，有时难以合理安排制定施工组织计划。

成本加酬金合同具体有以下几种形式：成本加固定费用合同、成本加固定比例费用合同、成本加奖金合同、最大成本加费用合同。

（1）成本加固定费用合同

此种合同一般是根据承发包双方谈判确定的工程规模、计划工期、技术要求、工作性质及复杂性、所涉及的风险等因素来考虑确定一笔固定数目的报酬金额作为管理费及利润，对人工、材料、机械台班等直接成本则实报实销。如果设计图纸发生变更或增加了新施工任务，当直接费超过原估算成本的一定比例（可以在合同中约定）时，固定的报酬就需要按照合同约定的调整方式增加。如果工程项目总成本在最初难以确定或者在实施过程中可能变化不大，可采用此种合同，固定报酬的具体操作可以是一次给付也可以是分几个阶段谈判给付。为了尽快得到酬金，承包商会尽力缩短工期，但是这种方式难以激励承包人降低成本。在实际操作中，为了避免上述缺陷，可在固定费用之外根据工程质量、工期和节约成本等因素，给承包人额外增加奖金，从而激励承包人积极工作，充分考虑发包人的利益。

（2）成本加固定比例费用合同

此种合同一般是采取在工程成本的直接费的基础上加一定比例的报酬费，具体报酬比例在签订合同时由承发包双方协商确定。这种合同存在一个明显的缺陷就是报酬费用总额随成本加大而增加，因此不利于承包商积极主动的缩短工期和降低成本而增加发包人的风险。这种合同形式一般是在工程初期，很难描述工作范围和性质，或工期紧迫，无法按常规编制招标文件在招标时采用。

（3）成本加酬金合同

成本加酬金合同中的奖金是根据投标报价文件中的成本估算指标制定的，通常情况下施工合同中应当对这个估算指标规定一个底点和顶点，以利于估算奖金的支付。承包人如果在项目实施中将实际成本控制在估算指标的顶点以下则可得到奖金，超过顶点则要对超出部分支付罚款。如果承包人将成本控制在估算指标底点之下，则可加大酬金值或酬金百分比。采用这种方式通常规定，当实际成本超过顶点对承包人罚款时，最大罚款限额不超过双方协商确定的最高酬金值以保护承包人的合理权益。

在招标时，当图纸、规范等准备不充分，不能据以确定合同价格，而仅能制定一个估算指标时可采用这种形式。

（4）最大成本加费用合同

最大成本加费用合同是指在工程成本总价合同基础上加固定酬金费用的方式。具体操作是当设计深度达到可以报总价的深度，投标人报一个工程成本总价和一个固定的酬金（包括各项管理费、风险费和利润）。如果实际成本超过合同中规定的工程成本总价，由承包人承担所有的额外费用，若实施过程中节约了成本，节约的部分归发包人，或者由发包人与承包人按预先商定的比例分成。

当实行施工总承包管理模式或CM（Construction Management[1]）模式时，发包人与施工总承包管理单位或CM单位的合同一般采用成本加酬金合同。在国际上，许多项目管理合同、咨询服务合同等也多采用成本加酬金合同方式。在施工承包合同中采用成本加酬金计价方式时，发包人与承包人应该明确如何向承包人支付酬金的条款，并应该列出工程费用清单，规定一套详细的工程现场有关的数据记录、信息存储甚至记账的格式和方法，以便对工地实际发生的人工、机械和材料消耗等数据认真而及时地记录。应该保留有关工程实际成本的发票或付款的账单、表明款额已经支付的记录或证明等，以便发包人进行审核和结算。

[1] 注：CM是20世纪60年代出现在美国的工程项目管理模式。

综上所述，以上几种常见的合同计价方式及其风险分担如表 4-2 所示。

工程合同类型与风险分担 **表 4-2**

合同类型		承包人	发包人
单价合同	固定单价合同	承担报价风险	承担工程量风险
	变动单价合同	承担部分报价风险	承担工程量风险
总价合同	固定总价合同	承担全部风险	基本不承担风险
	变动总价合同	承担较大的风险	承担风险较小
成本加酬金合同	成本加固定费用合同	基本无风险	风险较大
	成本加固定比例费用合同	基本无风险	风险较大
	成本加奖金合同	有一定风险	有一定风险
	最大成本加费用合同	有一定风险	有一定风险

4.3 《建设工程施工合同（示范文本）》

根据我国工程建设施工的实际情况，以及工程建设施工的法律法规，建设部、工商行政管理局在借鉴了国际上广泛使用的土木工程施工合同条件（主要是 FIDIC 土木工程施工合同条件）的基础上在 1999 年 12 月 24 日颁布了《建设工程施工合同示范文本》(GF-1999-0201)，该文本是对建设部、工商行政管理局 1991 年颁布的《建设工程施工合同(示范文本)》的修订。

为了指导建设工程施工合同当事人的签约行为，维护合同当事人的合法权益，依据《中华人民共和国合同法》、《中华人民共和国建筑法》、《中华人民共和国招标投标法》以及相关法律法规，住房城乡建设部、国家工商行政管理总局对《建设工程施工合同（示范文本)》(GF-1999-0201) 进行了修订，制定了《建设工程施工合同（示范文本)》(GF-2013-0201)。2013 版示范文本同样是充分借鉴了国际工程师联合会编制的施工合同文件，具有较强的可操作性。

为规范建筑市场秩序，维护建设工程施工合同当事人的合法权益，住房城乡建设部、工商总局对《建设工程施工合同（示范文本)》(GF-2013-0201) 进行了修订，制定了《建设工程施工合同（示范文本)》(GF-2017-0201)（以下简称为 2017 版示范文本)。2017 版示范文本自 2017 年 10 月 1 日起正式执行，原 2013 版示范文本同时废止。2017 版示范文本主要是根据住房城乡建设部、财政部《关于印发建设工程质量保证金管理办法的通知》(建质［2017］138 号) 文件中关于缺陷责任期、质量保证金等内容的变化而进行了修改和完善，总体来讲并没有改变 2013 版示范文本的总体布局。

4.3.1 《建设工程施工合同（示范文本)》简介

1.《建设工程施工合同（示范文本)》的组成

2017 版示范文本主要由合同协议书、通用合同条款、专用合同条款三部分组成，另外包含了 11 个附件（其中合同协议书附件 1 个，专用合同条款附件 10 个)。

(1) 合同协议书

合同协议书是指构成合同的由发包人和承包人共同签署的称为“合同协议书”的书面

文件。合同协议书是建设工程施工合同的纲领性文件，是一份标准化的合同协议格式文件，其中的空格由承发包双方依据工程项目的实际情况在协商一致的条件下如实填写。在合同协议书中，言简意赅的规定了承发包双方最主要的权利与义务，规定了建设工程施工合同文件的组成以及解释顺序，如实反映了合同当事人履行合同的承诺，并由双方当事人签字盖章进而产生法律效力。

2017版示范文本中合同协议书主要包含了13项重要内容：工程概况、合同工期、质量标准、签约合同价与合同价格形式、项目经理、合同文件构成、承诺、词语含义、签订时间、签订地点、补充协议、合同生效、合同份数等，记载了承发包双方当事人基本的权利与义务。

（2）通用合同条款

通用合同条款所列的内容不区分具体工程的性质、地域、规模、技术要求等特点，凡是房屋建筑工程、土木工程、线路管道和设备安装工程、装修工程等建设工程的施工承发包活动都可以采用。

通用合同条款是合同当事人根据《中华人民共和国建筑法》、《中华人民共和国合同法》等法律的规定，就工程建设的实施及相关事项，对合同当事人的权利义务作出的原则性约定。

通用合同条款共计20条，具体条款分别为：一般约定、发包人、承包人、监理人、工程质量、安全文明施工与环境保护、工期和进度、材料与设备、试验与检验、变更、价格调整、合同价格、计量与支付、验收和工程试车、竣工结算、缺陷责任与保修、违约、不可抗力、保险、索赔和争议解决。前述条款既考虑了现行法律法规对工程建设的有关要求，也考虑了建设工程施工管理的特殊需要。

（3）专用合同条款

由于具体工程的工作范围、工作内容各不相同，施工现场内外部环境差别较大，承发包双方的项目管理能力和专业经验有所不同，通用合同条款难以全方位的适用具体的建筑工程。

专用合同条款是对通用合同条款原则性约定的细化、完善、补充、修改或另行约定的条款。合同当事人可以根据不同建设工程的特点及具体情况，通过双方的谈判、协商对相应的专用合同条款进行修改补充。在使用专用合同条款时，应注意以下事项：

1）专用合同条款的编号应与相应的通用合同条款的编号一致；

2）合同当事人可以通过对专用合同条款的修改，满足具体建设工程的特殊要求，避免直接修改通用合同条款；

3）在专用合同条款中有横道线的地方，合同当事人可针对相应的通用合同条款进行细化、完善、补充、修改或另行约定；如无细化、完善、补充、修改或另行约定，则填写“无”或划“/”。

（4）附件

2017版示范文本考虑到我国建设工程施工管理的特点，提供了11个标准的附件格式，进一步明确承发包双方的权利与义务，其中包括了1个合同协议书附件和10个专用合同条款附件。

1）合同协议书附件

附件1：承包人承揽工程项目一览表。

2）专用合同条款附件

附件2：发包人供应材料设备一览表；

附件3：工程质量保修书；

附件4：主要建设工程文件目录；

附件5：承包人用于本工程施工的机械设备表；

附件6：承包人主要施工管理人员表；

附件7：分包人主要施工管理人员表；

附件8：履约担保格式；

附件9：预付款担保格式；

附件10：支付担保格式；

附件11：暂估价一览表。

这些附件由合同当事人在签订建设工程施工合同时如实填写，并作为合同的组成部分。

2. 建设工程施工合同文件的解释顺序

构成施工合同文件的组成部分除了上述合同协议书、通用合同条款和专用合同条款以外，通常还包括中标通知书、投标文件、招标文件、有关的标准规范和技术文件、图纸、工程量清单、工程报价单或者预算书等。

作为施工合同文件组成部分的上述文件，其优先解释顺序是不同的，在通用合同条款中，专门对合同文件的解释顺序做了约定，合同当事人可以在专用合同条款中根据工程项目的实际需要调整上述合同文件的解释顺序。原则上来讲，应当把签署日期在后的文件以及内容重要的文件排在前面。2017版示范文本通用合同条款规定：

组成合同的各项文件应互相解释，互为说明。除专用合同条款另有约定外，解释合同文件的优先顺序如下：

（1）合同协议书；

（2）中标通知书（如果有）；

（3）投标函及其附录（如果有）；

（4）专用合同条款及其附件；

（5）通用合同条款；

（6）技术标准和要求；

（7）图纸；

（8）已标价工程量清单或预算书；

（9）其他合同文件。

上述各项合同文件包括合同当事人就该项合同文件所作出的补充和修改，属于同一类内容文件的，应以最新签署的为准。

在合同订立及履行过程中形成的与合同有关的文件均构成合同文件组成部分，并根据其性质确定优先解释顺序。

3.《建设工程施工合同（示范文本）》的性质和适用范围

2017版示范文本为非强制性使用文本。2017版示范文本适用于房屋建筑工程、土木工程、线路管道和设备安装工程、装修工程等建设工程的施工承发包活动，合同当事人可以结合建设工程具体情况，根据2017版示范文本订立合同，并按照法律法规规定和合同约定承担相应的法律责任及合同权利义务。

签订建设工程施工合同时，通用条款是严禁修改的。如果承发包双方有特殊的合同内容需要加以约定，可以在不违反现行法律法规和通用条款相关规定的基础上，在专用条款中签订补充条款。

4.《建设工程施工合同（示范文本）》通用合同条款的一般约定

（1）词语定义与解释

在2017版示范文本中，合同协议书、通用合同条款、专用合同条款中的下列词语具有其赋予的专门的含义。

1）关于工程和设备（第1.1.3项）：

① 工程是指与合同协议书中工程承包范围对应的永久工程和（或）临时工程。

② 永久工程是指按合同约定建造并移交给发包人的工程，包括工程设备。

③ 临时工程是指为完成合同约定的永久工程所修建的各类临时性工程，不包括施工设备。

④ 单位工程是指在合同协议书中指明的，具备独立施工条件并能形成独立使用功能的永久工程。

⑤ 工程设备是指构成永久工程的机电设备、金属结构设备、仪器及其他类似的设备和装置。

⑥ 施工设备是指为完成合同约定的各项工作所需的设备、器具和其他物品，但不包括工程设备、临时工程和材料。

⑦ 施工现场是指用于工程施工的场所，以及在专用合同条款中指明作为施工场所组成部分的其他场所，包括永久占地和临时占地。

⑧ 临时设施是指为完成合同约定的各项工作所服务的临时性生产和生活设施。

⑨ 永久占地是指专用合同条款中指明为实施工程需要永久占用的土地。

⑩ 临时占地是指专用合同条款中指明为实施工程需要临时占用的土地。

2）关于日期和期限（第1.1.4项）：

① 开工日期包括计划开工日期和实际开工日期。计划开工日期是指合同协议书约定的开工日期；实际开工日期是指监理人按照第7.3.2项〔开工通知〕约定发出的符合法律规定的开工通知中载明的开工日期。

② 竣工日期包括计划竣工日期和实际竣工日期。计划竣工日期是指合同协议书约定的竣工日期；实际竣工日期按照第13.2.3项〔竣工日期〕的约定确定。

③ 工期是指在合同协议书约定的承包人完成工程所需的期限，包括按照合同约定所作的期限变更。

④ 缺陷责任期是指承包人按照合同约定承担缺陷修复义务，且发包人预留质量保证金（已缴纳履约保证金的除外）的期限，自工程实际竣工日期起计算。

⑤ 保修期是指承包人按照合同约定对工程承担保修责任的期限，从工程竣工验收合格之日起计算。

⑥ 基准日期：招标发包的工程以投标截止日前28天的日期为基准日期，直接发包的

工程以合同签订日前 28 天的日期为基准日期。

⑦ 天除特别指明外，均指日历天。合同中按天计算时间的，开始当天不计入，从次日开始计算，期限最后一天的截止时间为当天 24：00 时。

3）关于合同价格和费用（第 1.1.5 项）：

① 签约合同价是指发包人和承包人在合同协议书中确定的总金额，包括安全文明施工费、暂估价及暂列金额等。

② 合同价格是指发包人用于支付承包人按照合同约定完成承包范围内全部工作的金额，包括合同履行过程中按合同约定发生的价格变化。

③ 费用是指为履行合同所发生的或将要发生的所有必需的开支，包括管理费和应分摊的其他费用，但不包括利润。

（2）语言与文字

合同以中国的汉语简体文字编写、解释和说明。合同当事人在专用合同条款中约定使用两种以上语言时，汉语为优先解释和说明合同的语言。

（3）法律、标准与规范

合同所称法律是指中华人民共和国法律、行政法规、部门规章，以及工程所在地的地方性法规、自治条例、单行条例和地方政府规章等。

合同当事人可以在专用合同条款中约定合同适用的其他规范性文件。

适用于工程的国家标准、行业标准、工程所在地的地方性标准，以及相应的规范、规程等，合同当事人有特别要求的，应在专用合同条款中约定。

发包人要求使用国外标准、规范的，发包人负责提供原文版本和中文译本，并在专用合同条款中约定提供标准规范的名称、份数和时间。

发包人对工程的技术标准、功能要求高于或严于现行国家、行业或地方标准的，应当在专用合同条款中予以明确。除专用合同条款另有约定外，应视为承包人在签订合同前已充分预见前述技术标准和功能要求的复杂程度，签约合同价中已包含由此产生的费用。

4.3.2 建设工程施工合同各方主体的工作

1. 发包人

在通用条款中，对发包人的责任和义务进行了详细规定，在专用条款中，可以进一步对发包人应当承担的具体工作的内容和时间进行明确，发包人应当一次性或者分阶段的完成下述工作任务。

（1）图纸的提供和交底，图纸错误的处理

发包人应按照专用合同条款约定的期限、数量和内容向承包人免费提供图纸，并组织承包人、监理人和设计人进行图纸会审和设计交底。发包人至迟不得晚于第 7.3.2 项〔开工通知〕载明的开工日期前 14 天向承包人提供图纸。

承包人在收到发包人提供的图纸后，发现图纸存在差错、遗漏或缺陷的，应及时通知监理人。监理人接到该通知后，应附具相关意见并立即报送发包人，发包人应在收到监理人报送的通知后的合理时间内作出决定。合理时间是指发包人在收到监理人的报送通知后，尽其努力且不懈怠地完成图纸修改补充所需的时间。

（2）施工现场发现的化石、文物的保护

在施工现场发掘的所有文物、古迹以及具有地质研究或考古价值的其他遗迹、化石、钱币或物品属于国家所有。一旦发现上述文物，发包人、监理人和承包人应按有关政府行政管理部门要求采取妥善的保护措施，由此增加的费用和（或）延误的工期由发包人承担。

（3）施工现场出入的责任及场内外交通

除专用合同条款另有约定外，发包人应根据施工需要，负责取得出入施工现场所需的批准手续和全部权利，以及取得因施工所需修建道路、桥梁以及其他基础设施的权利，并承担相关手续费用和建设费用。

发包人应提供场外交通设施的技术参数和具体条件，承包人应遵守有关交通法规，严格按照道路和桥梁的限制荷载行驶，执行有关道路限速、限行、禁止超载的规定，并配合交通管理部门的监督和检查。场外交通设施无法满足工程施工需要的，由发包人负责完善并承担相关费用。

发包人应提供场内交通设施的技术参数和具体条件，并应按照专用合同条款的约定向承包人免费提供满足工程施工所需的场内道路和交通设施。

（4）许可与批准

发包人应遵守法律，并办理法律规定由其办理的许可、批准或备案，包括但不限于建设用地规划许可证、建设工程规划许可证、建设工程施工许可证、施工所需临时用水、临时用电、中断道路交通、临时占用土地等许可和批准。发包人应协助承包人办理法律规定的有关施工证件和批件。

因发包人原因未能及时办理完毕前述许可、批准或备案的，由发包人承担由此增加的费用和（或）延误的工期，并支付承包人合理的利润。

（5）施工现场、施工条件和基础资料的提供

除专用合同条款另有约定外，发包人应最迟于开工日期 7 天前向承包人移交施工现场。

除专用合同条款另有约定外，发包人应负责提供施工所需要的条件，包括：

1）将施工用水、电力、通信线路等施工所必需的条件接至施工现场内；

2）保证向承包人提供正常施工所需要的进入施工现场的交通条件；

3）协调处理施工现场周围地下管线和邻近建筑物、构筑物、古树名木的保护工作，并承担相关费用；

4）按照专用合同条款约定应提供的其他设施和条件。

发包人应当在移交施工现场前向承包人提供施工现场及工程施工所必需的毗邻区域内的供水、排水、供电、供气、供热、通信、广播电视等地下管线资料、气象和水文观测资料、地质勘察资料、相邻建筑物、构筑物和地下工程等有关基础资料，并对所提供资料的真实性、准确性和完整性负责。

除专用合同条款另有约定外，发包人应在至迟不得晚于第 7.3.2 项〔开工通知〕载明的开工日期前 7 天通过监理人向承包人提供测量基准点、基准线和水准点及其书面资料。发包人应对其提供的测量基准点、基准线和水准点及其书面资料的真实性、准确性和完整性负责。

按照法律规定确需在开工后方能提供的基础资料，发包人应尽其努力及时地在相应工程施工前的合理期限内提供，合理期限应以不影响承包人的正常施工为限。

（6）资金证明、支付担保及工程价款支付

除专用合同条款另有约定外，发包人应在收到承包人要求提供资金来源证明的书面通知后28天内，向承包人提供能够按照合同约定支付合同价款的相应资金来源证明。

除专用合同条款另有约定外，发包人要求承包人提供履约担保的，发包人应当向承包人提供支付担保。支付担保可以采用银行保函或担保公司担保等形式，具体由合同当事人在专用合同条款中约定。

发包人应按合同约定向承包人及时支付合同价款。

（7）组织竣工验收

发包人应按合同约定及时组织竣工验收。

（8）签订现场统一管理协议

发包人应与承包人、由发包人直接发包的专业工程的承包人签订施工现场统一管理协议，明确各方的权利义务。施工现场统一管理协议将作为专用合同条款的附件。

2. 承包人

在通用条款中，对承包人的责任和义务进行了详细规定，在专用条款中，可以进一步对承包人应当承担的具体工作的内容和时间进行明确，承包人在履行合同过程中应当遵守法律和工程建设标准规范，一次性或者分阶段的完成下述工作任务：

（1）办理法律规定应由承包人办理的许可和批准，并将办理结果书面报送发包人留存；

（2）按法律规定和合同约定完成工程，并在保修期内承担保修义务；

（3）按法律规定和合同约定采取施工安全和环境保护措施，办理工伤保险，确保工程及人员、材料、设备和设施的安全；

（4）按合同约定的工作内容和施工进度要求，编制施工组织设计和施工措施计划，并对所有施工作业和施工方法的完备性和安全可靠性负责；

（5）在进行合同约定的各项工作时，不得侵害发包人与他人使用公用道路、水源、市政管网等公共设施的权利，避免对邻近的公共设施产生干扰。承包人占用或使用他人的施工场地，影响他人作业或生活的，应承担相应责任；

（6）按照第6.3款〔环境保护〕约定负责施工场地及其周边环境与生态的保护工作；

（7）按照第6.1款〔安全文明施工〕约定采取施工安全措施，确保工程及其人员、材料、设备和设施的安全，防止因工程施工造成的人身伤害和财产损失；

（8）将发包人按合同约定支付的各项价款专用于合同工程，且应及时支付其雇用人员工资，并及时向分包人支付合同价款；

（9）按照法律规定和合同约定编制竣工资料，完成竣工资料立卷及归档，并按专用合同条款约定的竣工资料的套数、内容、时间等要求移交发包人；

（10）应履行的其他义务。

3. 监理人

（1）监理人的一般规定

工程实行监理的，发包人和承包人应在专用合同条款中明确监理人的监理内容及监理权限等事项。监理人应当根据发包人授权及法律规定，代表发包人对工程施工相关事项进行检查、查验、审核、验收，并签发相关指示，但监理人无权修改合同，且无权减轻或免除合同约定的承包人的任何责任与义务。

（2）监理人员

发包人授予监理人对工程实施监理的权利，由监理人派驻施工现场的监理人员行使，监理人员包括总监理工程师及监理工程师。监理人应将授权的总监理工程师和监理工程师的姓名及授权范围以书面形式提前通知承包人。更换总监理工程师的，监理人应提前 7 天书面通知承包人；更换其他监理人员的，监理人应提前 48 小时书面通知承包人。

（3）监理人的指示

监理人应按照发包人的授权发出监理指示。监理人的指示应采用书面形式，并经其授权的监理人员签字。紧急情况下，为了保证施工人员的安全或避免工程受损，监理人员可以口头形式发出指示，该指示与书面形式的指示具有同等法律效力，但必须在发出口头指示后 24 小时内补发书面监理指示，补发的书面监理指示应与口头指示一致。

监理人发出的指示应送达承包人项目经理或经项目经理授权接收的人员。因监理人未能按合同约定发出指示、指示延误或发出了错误指示而导致承包人费用增加和（或）工期延误的，由发包人承担相应责任。除专用合同条款另有约定外，总监理工程师不应将第 4.4 款〔商定或确定〕约定应由总监理工程师作出确定的权力授权或委托给其他监理人员。

承包人对监理人发出的指示有疑问的，应向监理人提出书面异议，监理人应在 48 小时内对该指示予以确认、更改或撤销，监理人逾期未回复的，承包人有权拒绝执行上述指示。

监理人对承包人的任何工作、工程或其采用的材料和工程设备未在约定的或合理期限内提出意见的，视为批准，但不免除或减轻承包人对该工作、工程、材料、工程设备等应承担的责任和义务。

（4）商定或确定

合同当事人进行商定或确定时，总监理工程师应当会同合同当事人尽量通过协商达成一致，不能达成一致的，由总监理工程师按照合同约定审慎做出公正的确定。

总监理工程师应将确定以书面形式通知发包人和承包人，并附详细依据。合同当事人对总监理工程师的确定没有异议的，按照总监理工程师的确定执行。任何一方合同当事人有异议，按照第 20 条〔争议解决〕约定处理。争议解决前，合同当事人暂按总监理工程师的确定执行；争议解决后，争议解决的结果与总监理工程师的确定不一致的，按照争议解决的结果执行，由此造成的损失由责任人承担。

4.3.3　建设工程施工合同质量管理

建设工程项目施工中的质量管理是建设工程合同履行过程中的重要环节，任何不确定性因素的出现都会导致工程质量难以达到预期目标。发包人、承包人和监理人都应该重视质量管理工作，严格按照合同约定履行质量管理条款。施工质量的优劣反映了承包人项目管理水平，直接影响发包人的利益。

1. 合同各方主体的质量管理责任

（1）发包人的质量管理责任

发包人应按照法律规定及合同约定完成与工程质量有关的各项工作。适用于工程的国家标准、行业标准、工程所在地的地方性标准，以及相应的规范、规程等，合同当事人有特别要求的，应在专用合同条款中约定。发包人要求使用国外标准、规范的，发包人负责提供原文版本和中文译本，并在专用合同条款中约定提供标准规范的名称、份数和时间。发包人对工程的技术标准、功能要求高于或严于现行国家、行业或地方标准的，应当在专用合同条款中予以明确。

（2）承包人的质量管理责任

承包人按照第7.1款〔施工组织设计〕约定向发包人和监理人提交工程质量保证体系及措施文件，建立完善的质量检查制度，并提交相应的工程质量文件。对于发包人和监理人违反法律规定和合同约定的错误指示，承包人有权拒绝实施。承包人应对施工人员进行质量教育和技术培训，定期考核施工人员的劳动技能，严格执行施工规范和操作规程。承包人应按照法律规定和发包人的要求，对材料、工程设备以及工程的所有部位及其施工工艺进行全过程的质量检查和检验，并作详细记录，编制工程质量报表，报送监理人审查。此外，承包人还应按照法律规定和发包人的要求，进行施工现场取样试验、工程复核测量和设备性能检测，提供试验样品、提交试验报告和测量成果以及其他工作。

（3）监理人的质量管理责任

监理人按照法律规定和发包人授权对工程的所有部位及其施工工艺、材料和工程设备进行检查和检验。承包人应为监理人的检查和检验提供方便，包括监理人到施工现场，或制造、加工地点，或合同约定的其他地方进行察看和查阅施工原始记录。监理人为此进行的检查和检验，不免除或减轻承包人按照合同约定应当承担的责任。监理人的检查和检验不应影响施工正常进行。监理人的检查和检验影响施工正常进行的，且经检查检验不合格的，影响正常施工的费用由承包人承担，工期不予顺延；经检查检验合格的，由此增加的费用和（或）延误的工期由发包人承担。

2. 隐蔽工程检查

隐蔽工程在进入下一道工序之前必须进行验收，按照《隐蔽工程验收控制程序》办理。具体来说包括了基坑、基槽验收，基础回填隐蔽验收，混凝土工程的钢筋隐蔽验收，混凝土结构中预埋管、预埋件、电气管线、给排水管线隐蔽验收，混凝土结构和砌体工程装饰前验收等内容。

（1）承包人自检

承包人应当对工程隐蔽部位进行自检，并经自检确认是否具备覆盖条件。

（2）检查程序

除专用合同条款另有约定外，工程隐蔽部位经承包人自检确认具备覆盖条件的，承包人应在共同检查前48小时书面通知监理人检查，通知中应载明隐蔽检查的内容、时间和地点，并应附有自检记录和必要的检查资料。

监理人应按时到场并对隐蔽工程及其施工工艺、材料和工程设备进行检查。经监理人检查确认质量符合隐蔽要求，并在验收记录上签字后，承包人才能进行覆盖。经监理人检查质量不合格的，承包人应在监理人指示的时间内完成修复，并由监理人重新检查，由此增加的费用和（或）延误的工期由承包人承担。

除专用合同条款另有约定外，监理人不能按时进行检查的，应在检查前24小时向承包人提交书面延期要求，但延期不能超过48小时，由此导致工期延误的，工期应予以顺延。监理人未按时进行检查，也未提出延期要求的，视为隐蔽工程检查合格，承包人可自行完成覆盖工作，并作相应记录报送监理人，监理人应签字确认。监理人事后对检查记录有疑问的，可按第 5.3.3 项〔重新检查〕的约定重新检查。

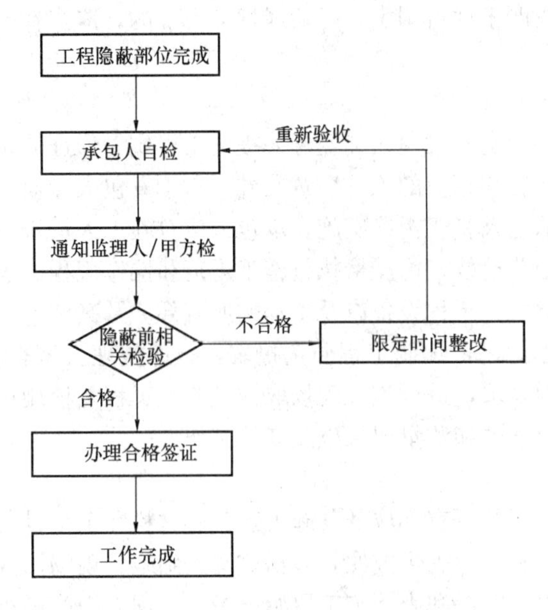

图 4-3　隐蔽工程检查程序示意图

隐蔽工程检查程序如图 4-3 所示。

(3) 重新检查

承包人覆盖工程隐蔽部位后，发包人或监理人对质量有疑问的，可要求承包人对已覆盖的部位进行钻孔探测或揭开重新检查，承包人应遵照执行，并在检查后重新覆盖恢复原状。经检查证明工程质量符合合同要求的，由发包人承担由此增加的费用和（或）延误的工期，并支付承包人合理的利润；经检查证明工程质量不符合合同要求的，由此增加的费用和（或）延误的工期由承包人承担。

(4) 承包人私自覆盖

承包人未通知监理人到场检查，私自将工程隐蔽部位覆盖的，监理人有权指示承包人钻孔探测或揭开检查，无论工程隐蔽部位质量是否合格，由此增加的费用和（或）延误的工期均由承包人承担。

3. 不合格工程的处理

不合格工程需要界定清楚是发包人的责任还是承包人的责任，然后采取适当的处理措施。

因承包人原因造成工程不合格的，发包人有权随时要求承包人采取补救措施，直至达到合同要求的质量标准，由此增加的费用和（或）延误的工期由承包人承担。无法补救的，按照第 13.2.4 项〔拒绝接收全部或部分工程〕约定执行。对于竣工验收不合格的工程，承包人完成整改后，应当重新进行竣工验收，经重新组织验收仍不合格的且无法采取措施补救的，则发包人可以拒绝接收不合格工程，因不合格工程导致其他工程不能正常使用的，承包人应采取措施确保相关工程的正常使用，由此增加的费用和（或）延误的工期由承包人承担。

因发包人原因造成工程不合格的，由此增加的费用和（或）延误的工期由发包人承担，并支付承包人合理的利润。

4. 工程验收

(1) 分部分项工程验收

分部分项工程质量应符合国家有关工程施工验收规范、标准及合同约定，承包人应按照施工组织设计的要求完成分部分项工程施工。除专用合同条款另有约定外，分部分项工程经承包人自检合格并具备验收条件的，承包人应提前 48 小时通知监理人进行验收。监理人不能按时进行验收的，应在验收前 24 小时向承包人提交书面延期要求，但延期不能超过 48 小时。监理人未按时进行验收，也未提出延期要求的，承包人有权自行验收，监理人应认可验收结果。分部分项工程未经验收的，不得进入下一道工序施工。分部分项工程的验收资料应当作为竣工资料的组成部分。

（2）工程竣工的验收条件

工程具备以下条件的，承包人可以申请竣工验收：

1）除发包人同意的甩项工程和缺陷修补工作外，合同范围内的全部工程以及有关工作，包括合同要求的试验、试运行以及检验均已完成，并符合合同要求；

2）已按合同约定编制了甩项工程和缺陷修补工作清单以及相应的施工计划；

3）已按合同约定的内容和份数备齐竣工资料。

（3）工程竣工验收的程序

除专用合同条款另有约定外，承包人申请竣工验收的，应当按照以下程序（如图 4-4 所示）进行：

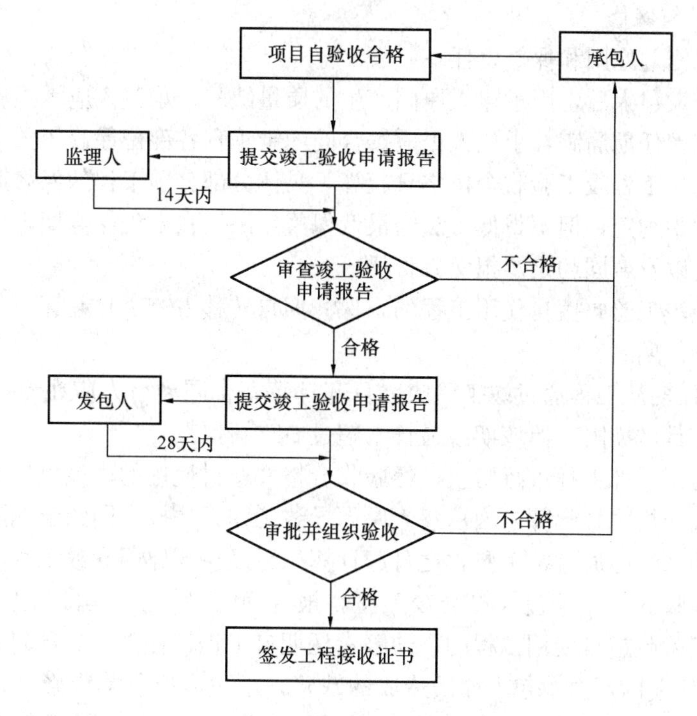

图 4-4 工程竣工验收程序示意图

1）承包人向监理人报送竣工验收申请报告，监理人应在收到竣工验收申请报告后 14 天内完成审查并报送发包人。监理人审查后认为尚不具备验收条件的，应通知承包人在竣工验收前承包人还需完成的工作内容，承包人应在完成监理人通知的全部工作内容后，再次提交竣工验收申请报告。

2）监理人审查后认为已具备竣工验收条件的，应将竣工验收申请报告提交发包人，发包人应在收到经监理人审核的竣工验收申请报告后 28 天内审批完毕，并组织监理人、承包人、设计人等相关单位完成竣工验收。

3）竣工验收合格的，发包人应在验收合格后 14 天内向承包人签发工程接收证书。发包人无正当理由逾期不颁发工程接收证书的，自验收合格后第 15 天起视为已颁发工程接收证书。

4）竣工验收不合格的，监理人应按照验收意见发出指示，要求承包人对不合格工程返工、修复或采取其他补救措施，由此增加的费用和（或）延误的工期由承包人承担。承包人在完成不合格工程的返工、修复或采取其他补救措施后，应重新提交竣工验收申请报告，并按本项约定的程序重新进行验收。

5）工程未经验收或验收不合格，发包人擅自使用的，应在转移占有工程后 7 天内向承包人颁发工程接收证书；发包人无正当理由逾期不颁发工程接收证书的，自转移占有后第 15 天起视为已颁发工程接收证书。

除专用合同条款另有约定外，发包人不按照本项约定组织竣工验收、颁发工程接收证书的，每逾期一天，应以签约合同价为基数，按照中国人民银行发布的同期同类贷款基准利率支付违约金。

5. 缺陷责任与保修

（1）工程保修的原则和保修责任

在工程移交发包人后，因承包人原因产生的质量缺陷，承包人应承担质量缺陷责任和保修义务。缺陷责任期届满，承包人仍应按合同约定工程各部位保修年限承担保修义务。

工程保修期从工程竣工验收合格之日起算，具体分部分项工程的保修期由合同当事人在专用合同条款中约定，但不得低于法定最低保修年限。在工程保修期内，承包人应当根据有关法律规定以及合同约定承担保修责任。

发包人未经竣工验收擅自使用工程的，保修期自转移占有之日起算。

（2）缺陷责任期

1）缺陷责任期从工程通过竣工验收之日起计算，合同当事人应在专用合同条款中约定缺陷责任期的具体期限，但该期限最长不超过 24 个月。

单位工程先于全部工程进行验收，经验收合格并交付使用的，该单位工程缺陷责任期自单位工程验收合格之日起算。因承包人原因导致工程无法按合同约定期限进行竣工验收的，缺陷责任期从实际通过竣工验收之日起计算。因发包人原因导致工程无法按合同约定期限进行竣工验收的，在承包人提交竣工验收报告 90 天后，工程自动进入缺陷责任期；发包人未经竣工验收擅自使用工程的，缺陷责任期自工程转移占有之日起开始计算。

2）缺陷责任期内，由承包人原因造成的缺陷，承包人应负责维修，并承担鉴定及维修费用。如承包人不维修也不承担费用，发包人可按合同约定从保证金或银行保函中扣除，费用超出保证金额的，发包人可按合同约定向承包人进行索赔。承包人维修并承担相应费用后，不免除其对工程的损失赔偿责任。发包人有权要求承包人延长缺陷责任期，并应在原缺陷责任期届满前发出延长通知。但缺陷责任期（含延长部分）最长不能超过 24 个月。

由他人原因造成的缺陷，发包人负责组织维修，承包人不承担费用，且发包人不得从保证金中扣除费用。

3）任何一项缺陷或损坏修复后，经检查证明其影响了工程或工程设备的使用性能，承包人应重新进行合同约定的试验和试运行，试验和试运行的全部费用应由责任方承担。

4）除专用合同条款另有约定外，承包人应于缺陷责任期届满后 7 天内向发包人发出缺陷责任期届满通知，发包人应在收到缺陷责任期届满通知后 14 天内核实承包人是否履行缺陷修复义务，承包人未能履行缺陷修复义务的，发包人有权扣除相应金额的维修费用。发包人应在收到缺陷责任期届满通知后 14 天内，向承包人颁发缺陷责任期终止证书。

6. 材料与设备的质量控制

（1）发包人供应的材料与设备

发包人自行供应材料、工程设备的，应在签订合同时在专用合同条款的附件《发包人供应材料设备一览表》中明确材料、工程设备的品种、规格、型号、数量、单价、质量等级和送达地点。

发包人应按《发包人供应材料设备一览表》约定的内容提供材料和工程设备，并向承包人提供产品合格证明及出厂证明，对其质量负责。发包人应提前 24 小时以书面形式通知承包人、监理人材料和工程设备的到货时间，承包人负责材料和工程设备的清点、检验和接收。

发包人供应的材料和工程设备，承包人清点后由承包人妥善保管，保管费用由发包人承担，但已标价工程量清单或预算书已经列支或专用合同条款另有约定除外。发包人供应的材料和工程设备使用前，由承包人负责检验，检验费用由发包人承担，不合格的不得使用。

发包人提供的材料或工程设备不符合合同要求的，承包人有权拒绝，并可要求发包人更换，由此增加的费用和（或）延误的工期由发包人承担，并支付承包人合理的利润。

（2）承包人供应的材料与设备

承包人负责采购材料、工程设备的，应按照设计和有关标准要求采购，并提供产品合格证明及出厂证明，对材料、工程设备质量负责。合同约定由承包人采购的材料、工程设备，发包人不得指定生产厂家或供应商，发包人违反本款约定指定生产厂家或供应商的，承包人有权拒绝，并由发包人承担相应责任。

承包人采购的材料和工程设备，应保证产品质量合格，承包人应在材料和工程设备到货前 24 小时通知监理人检验。承包人进行永久设备、材料的制造和生产的，应符合相关质量标准，并向监理人提交材料的样本以及有关资料，且应在使用该材料或工程设备之前获得监理人同意。

承包人采购的材料和工程设备由承包人妥善保管，保管费用由承包人承担。法律规定材料和工程设备使用前必须进行检验或试验的，承包人应按监理人的要求进行检验或试验，检验或试验费用由承包人承担，不合格的不得使用。

监理人有权拒绝承包人提供的不合格材料或工程设备，并要求承包人立即进行更换。监理人应在更换后再次进行检查和检验，由此增加的费用和（或）延误的工期由承包人承担。

承包人运入施工现场的材料、工程设备、施工设备以及在施工场地建设的临时设施，包括备品备件、安装工具与资料，必须专用于工程。

承包人根据合同约定或监理人指示进行的现场材料试验，应由承包人提供试验场所、试验人员、试验设备以及其他必要的试验条件。承包人应按专用合同条款的约定提供试验设备、取样装置、试验场所和试验条件，并向监理人提交相应进场计划表。承包人应按合同约定进行材料、工程设备和工程的试验和检验，并为监理人对上述材料、工程设备和工程的质量检查提供必要的试验资料和原始记录。

承包人应按合同约定或监理人指示进行现场工艺试验。对大型的现场工艺试验，监理人认为必要时，承包人应根据监理人提出的工艺试验要求，编制工艺试验措施计划，报送监理人审查。

4.3.4 建设工程施工合同进度管理

工程项目的进度管理是指项目管理者围绕建设工程项目工期目标编制进度计划并付诸实施的过程。发包人和承包人为了能够将项目的计划工期控制在实现确定的工期目标范围之内，有必要再签订承发包合同时进行详细而具体的约定。而承包人在投标阶段也需要依据招标文件的要求并结合自身管理、技术水平以及现场考察情况制定施工组织设计文件并作为投标文件的组成部分，进而形成合同文件的一部分。

1. 施工组织设计的编制

施工组织设计是指导施工项目管理全过程的规划性并兼具全局性的技术、经济和组织管理的综合性文件。通过对施工组织设计的编制，可以全面综合的考虑拟建工程的各种施工条件，考查施工项目设计方案的经济合理性、技术可行性，并为项目实施准备工作提供依据。施工组织设计在项目管理中具有施工项目管理规划的作用。

承包人应当按照《建设工程施工合同（示范文本）》第7.1款的约定编制并提交施工组织设计。除专用合同条款另有约定外，承包人应在合同签订后14天内，但至迟不得晚于第7.3.2项〔开工通知〕载明的开工日期前7天，向监理人提交详细的施工组织设计，并由监理人报送发包人。除专用合同条款另有约定外，发包人和监理人应在监理人收到施工组织设计后7天内确认或提出修改意见。对发包人和监理人提出的合理意见和要求，承包人应自费修改完善。根据工程实际情况需要修改施工组织设计的，承包人应向发包人和监理人提交修改后的施工组织设计。

施工组织设计应包含以下内容：

（1）施工方案；

（2）施工现场平面布置图；

（3）施工进度计划和保证措施；

（4）劳动力及材料供应计划；

（5）施工机械设备的选用；

（6）质量保证体系及措施；

（7）安全生产、文明施工措施；

（8）环境保护、成本控制措施；

（9）合同当事人约定的其他内容。

2. 施工进度计划的编制

施工进度计划是施工组织设计编制的重要内容，是控制工程施工任务具体进度的依据。施工进度计划是否合理，直接影响工程项目施工速度、费用和质量。因此在施工组织设计中，所有的工作任务都是围绕施工进度计划来安排的。

施工进度计划可以采用横道图（甘特图）、双代号网络计划、单代号网络计划、双代号时标网络计划、单代号搭接计划等具体表示方法。

承包人应按照第7.1款〔施工组织设计〕约定提交详细的施工进度计划，施工进度计划的编制应当符合国家法律规定和一般工程实践惯例，施工进度计划经发包人批准后实施。施工进度计划是控制工程进度的依据，发包人和监理人有权按照施工进度计划检查工程进度情况。

施工进度计划不符合合同要求或与工程的实际进度不一致的，承包人应向监理人提交修订的施工进度计划，并附具有关措施和相关资料，由监理人报送发包人。除专用合同条款另有约定外，发包人和监理人应在收到修订的施工进度计划后7天内完成审核和批准或提出修改意见。发包人和监理人对承包人提交的施工进度计划的确认，不能减轻或免除承包人根据法律规定和合同约定应承担的任何责任或义务。

3. 开工准备与开工通知

除专用合同条款另有约定外，承包人应按照第7.1款〔施工组织设计〕约定的期限，向监理人提交工程开工报审表，经监理人报发包人批准后执行。开工报审表应详细说明按施工进度计划正常施工所需的施工道路、临时设施、材料、工程设备、施工设备、施工人员等落实情况以及工程的进度安排。

发包人应按照法律规定获得工程施工所需的许可。经发包人同意后，监理人发出的开工通知应符合法律规定。监理人应在计划开工日期7天前向承包人发出开工通知，工期自开工通知中载明的开工日期起算。

因发包人原因未按计划开工日期开工的，发包人应按实际开工日期顺延竣工日期，确保实际工期不低于合同约定的工期总日历天数。因发包人原因导致工期延误需要修订施工进度计划的，按照第7.2.2项〔施工进度计划的修订〕执行。

4. 工期延误

工期延误的原因是多方面的，如发包人原因、承包人原因、不可抗力、政策因素等。一般情况下，非承包人因素造成的工期延误经工程师确认后，工期可以获得顺延。

（1）发包人原因造成的工期延误

在合同履行过程中，因下列情况导致工期延误和（或）费用增加的，由发包人承担由此延误的工期和（或）增加的费用，且发包人应支付承包人合理的利润：

1）发包人未能按合同约定提供图纸或所提供图纸不符合合同约定的；

2）发包人未能按合同约定提供施工现场、施工条件、基础资料、许可、批准等开工条件的；

3）发包人提供的测量基准点、基准线和水准点及其书面资料存在错误或疏漏的；

4）发包人未能在计划开工日期之日起7天内同意下达开工通知的；

5）发包人未能按合同约定日期支付工程预付款、进度款或竣工结算款的；

6）监理人未按合同约定发出指示、批准等文件的；

7）专用合同条款中约定的其他情形。

（2）因承包人原因导致工期延误

因承包人原因造成工期延误的，可以在专用合同条款中约定逾期竣工违约金的计算方法和逾期竣工违约金的上限。承包人支付逾期竣工违约金后，不免除承包人继续完成工程及修补缺陷的义务。

（3）其他原因造成的工期延误

承包人遇到不利物质条件时，应采取克服不利物质条件的合理措施继续施工，并及时通知发包人和监理人。通知应载明不利物质条件的内容以及承包人认为不可预见的理由。监理人经发包人同意后应当及时发出指示，指示构成变更的，按第10条〔变更〕约定执行。承包人因采取合理措施而增加的费用和（或）延误的工期由发包人承担。

合同当事人可以在专用合同条款中约定异常恶劣的气候条件的具体情形。承包人应采取克服异常恶劣的气候条件的合理措施继续施工，并及时通知发包人和监理人。监理人经发包人同意后应当及时发出指示，指示构成变更的，按第10条〔变更〕约定办理。承包人因采取合理措施而增加的费用和（或）延误的工期由发包人承担。

5. 暂停施工

暂停施工的原因主要包括发包人原因、承包人原因、工程师的原因、其他紧急情况等。

（1）发包人原因引起的暂停施工

因发包人原因引起暂停施工的，监理人经发包人同意后，应及时下达暂停施工指示。情况紧急且监理人未及时下达暂停施工指示的，按照第7.8.4项〔紧急情况下的暂停施工〕执行。因发包人原因引起的暂停施工，发包人应承担由此增加的费用和（或）延误的工期，并支付承包人合理的利润。

（2）承包人原因引起的暂停施工

因承包人原因引起的暂停施工，承包人应承担由此增加的费用和（或）延误的工期，且承包人在收到监理人复工指示后84天内仍未复工的，视为第16.2.1项〔承包人违约的情形〕第（7）目约定的承包人无法继续履行合同的情形。

（3）工程师指示暂停施工

监理人认为有必要时，并经发包人批准后，可向承包人作出暂停施工的指示，承包人应按监理人指示暂停施工。

（4）紧急情况下承包人暂停施工

因紧急情况需暂停施工，且监理人未及时下达暂停施工指示的，承包人可先暂停施工，并及时通知监理人。监理人应在接到通知后24小时内发出指示，逾期未发出指示，视为同意承包人暂停施工。监理人不同意承包人暂停施工的，应说明理由，承包人对监理人的答复有异议，按照第20条〔争议解决〕约定处理。

暂停施工后，发包人和承包人应采取有效措施积极消除暂停施工的影响。在工程复工前，监理人会同发包人和承包人确定因暂停施工造成的损失，并确定工程复工条件。当工程具备复工条件时，监理人应经发包人批准后向承包人发出复工通知，承包人应按照复工通知要求复工。

监理人发出暂停施工指示后56天内未向承包人发出复工通知，除该项停工属于第7.8.2项〔承包人原因引起的暂停施工〕及第17条〔不可抗力〕约定的情形外，承包人可向发包人提交书面通知，要求发包人在收到书面通知后28天内准许已暂停施工的部分或全部工程继续施工。发包人逾期不予批准的，则承包人可以通知发包人，将工程受影响的部分视为按第10.1款〔变更的范围〕第（2）项的可取消工作。

暂停施工持续84天以上不复工的，且不属于第7.8.2项〔承包人原因引起的暂停施工〕及第17条〔不可抗力〕约定的情形，并影响到整个工程以及合同目的实现的，承包人有权提出价格调整要求，或者解除合同。解除合同的，按照第16.1.3项〔因发包人违约解除合同〕执行。

6. 提前竣工与竣工日期

发包人要求承包人提前竣工的，发包人应通过监理人向承包人下达提前竣工指示，承包人应向发包人和监理人提交提前竣工建议书。发包人接受该提前竣工建议书的，监理人应与发包人和承包人协商采取加快工程进度的措施，并修订施工进度计划，由此增加的费用由发包人承担。承包人认为提前竣工指示无法执行的，应向监理人和发包人提出书面异议，发包人和监理人应在收到异议后 7 天内予以答复。任何情况下，发包人不得压缩合理工期。

发包人要求承包人提前竣工，或承包人提出提前竣工的建议能够给发包人带来效益的，合同当事人可以在专用合同条款中约定提前竣工的奖励。

工程经竣工验收合格的，以承包人提交竣工验收申请报告之日为实际竣工日期，并在工程接收证书中载明；因发包人原因，未在监理人收到承包人提交的竣工验收申请报告 42 天内完成竣工验收，或完成竣工验收不予签发工程接收证书的，以提交竣工验收申请报告的日期为实际竣工日期；工程未经竣工验收，发包人擅自使用的，以转移占有工程之日为实际竣工日期。

4.3.5 建设工程施工合同费用管理

在建设工程施工合同中，费用条款是承发包双方关注的重点问题。在合同履行过程中，无论是项目经理还是发包人，都希望能够降低成本，争取实现自身的最大利益。从项目经理的角度而言，督促发包人按时支付工程款，及时进行费用索赔，降低施工成本，从而争取最大的经济效益；从发包人的角度而言，在合同约定的费用范围内顺利实现工程竣工，避免工程索赔，及时进行反索赔，最大程度的满足工程质量要求，从而实现其最大的经济效益。无论从哪一方角度进行费用管理，都必须是在法律许可的框架内按照合同约定的程序和时限展开。

1. 预付款的支付与担保

预付款的支付按照专用合同条款约定执行，但至迟应在开工通知载明的开工日期 7 天前支付。预付款应当用于材料、工程设备、施工设备的采购及修建临时工程、组织施工队伍进场等。

除专用合同条款另有约定外，预付款在进度付款中同比例扣回。在颁发工程接收证书前，提前解除合同的，尚未扣完的预付款应与合同价款一并结算。

发包人逾期支付预付款超过 7 天的，承包人有权向发包人发出要求预付的催告通知，发包人收到通知后 7 天内仍未支付的，承包人有权暂停施工，并按第 16.1.1 项〔发包人违约的情形〕执行。

发包人要求承包人提供预付款担保的，承包人应在发包人支付预付款 7 天前提供预付款担保，专用合同条款另有约定除外。预付款担保可采用银行保函、担保公司担保等形式，具体由合同当事人在专用合同条款中约定。在预付款完全扣回之前，承包人应保证预付款担保持续有效。

发包人在工程款中逐期扣回预付款后，预付款担保额度应相应减少，但剩余的预付款担保金额不得低于未被扣回的预付款金额。

2. 计量

工程量计量按照合同约定的工程量计算规则、图纸及变更指示等进行计量。工程量计算规则应以相关的国家标准、行业标准等为依据，由合同当事人在专用合同条款中约定。除专用合同条款另有约定外，工程量的计量按月进行。

（1）单价合同的计量

除专用合同条款另有约定外，单价合同的计量按照本项约定执行：

1）承包人应于每月25日向监理人报送上月20日至当月19日已完成的工程量报告，并附具进度付款申请单、已完成工程量报表和有关资料。

2）监理人应在收到承包人提交的工程量报告后7天内完成对承包人提交的工程量报表的审核并报送发包人，以确定当月实际完成的工程量。监理人对工程量有异议的，有权要求承包人进行共同复核或抽样复测。承包人应协助监理人进行复核或抽样复测，并按监理人要求提供补充计量资料。承包人未按监理人要求参加复核或抽样复测的，监理人复核或修正的工程量视为承包人实际完成的工程量。

3）监理人未在收到承包人提交的工程量报表后的7天内完成审核的，承包人报送的工程量报告中的工程量视为承包人实际完成的工程量，据此计算工程价款。

（2）总价合同的计量

除专用合同条款另有约定外，按月计量支付的总价合同，按照本项约定执行：

1）承包人应于每月25日向监理人报送上月20日至当月19日已完成的工程量报告，并附具进度付款申请单、已完成工程量报表和有关资料。

2）监理人应在收到承包人提交的工程量报告后7天内完成对承包人提交的工程量报表的审核并报送发包人，以确定当月实际完成的工程量。监理人对工程量有异议的，有权要求承包人进行共同复核或抽样复测。承包人应协助监理人进行复核或抽样复测并按监理人要求提供补充计量资料。承包人未按监理人要求参加复核或抽样复测的，监理人审核或修正的工程量视为承包人实际完成的工程量。

3）监理人未在收到承包人提交的工程量报表后的7天内完成复核的，承包人提交的工程量报告中的工程量视为承包人实际完成的工程量。

3. 工程进度款的支付

除专用合同条款另有约定外，付款周期应按照第12.3.2项〔计量周期〕的约定与计量周期保持一致。

（1）除专用合同条款另有约定外，监理人应在收到承包人进度付款申请单以及相关资料后7天内完成审查并报送发包人，发包人应在收到后7天内完成审批并签发进度款支付证书。发包人逾期未完成审批且未提出异议的，视为已签发进度款支付证书。

发包人和监理人对承包人的进度付款申请单有异议的，有权要求承包人修正和提供补充资料，承包人应提交修正后的进度付款申请单。监理人应在收到承包人修正后的进度付款申请单及相关资料后7天内完成审查并报送发包人，发包人应在收到监理人报送的进度付款申请单及相关资料后7天内，向承包人签发无异议部分的临时进度款支付证书。存在争议的部分，按照第20条〔争议解决〕的约定处理。

（2）除专用合同条款另有约定外，发包人应在进度款支付证书或临时进度款支付证书签发后14天内完成支付，发包人逾期支付进度款的，应按照中国人民银行发布的同期同类贷款基准利率支付违约金。

（3）发包人签发进度款支付证书或临时进度款支付证书，不表明发包人已同意、批准或接受了承包人完成的相应部分的工作。

工程进度款支付流程如图 4-5 所示。

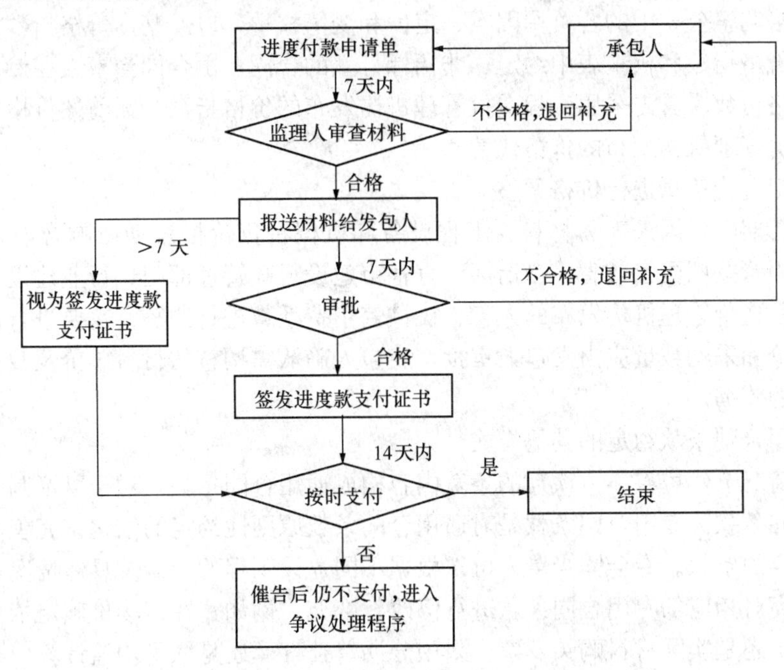

图 4-5 工程进度款支付程序示意图

4. 价格调整

除专用合同条款另有约定外，市场价格波动超过合同当事人约定的范围，合同价格应当调整。合同当事人可以在专用合同条款中约定选择以下一种方式对合同价格进行调整。

(1) 采用价格指数进行价格调整

因人工、材料和设备等价格波动影响合同价格时，根据专用合同条款中约定的数据，按以下公式计算差额并调整合同价格：

$$\Delta P = P_0\left[A + \left(B_1 \times \frac{F_{t1}}{F_{01}} + B_2 \times \frac{F_{t2}}{F_{02}} + B_3 \times \frac{F_{t3}}{F_{03}} + \cdots + B_n \times \frac{F_{tn}}{F_{0n}}\right) - 1\right] \tag{4-1}$$

式中 ΔP——需调整的价格差额；

P_0——约定的付款证书中承包人应得到的已完成工程量的金额。此项金额应不包括价格调整、不计质量保证金的扣留和支付、预付款的支付和扣回。约定的变更及其他金额已按现行价格计价的，也不计在内；

A——定值权重（即不调部分的权重）；

B_1；B_2；$B_3 \cdots B_n$——各可调因子的变值权重（即可调部分的权重），为各可调因子在签约合同价中所占的比例；

F_{t1}；F_{t2}；$F_{t3} \cdots F_{tn}$——各可调因子的现行价格指数，指约定的付款证书相关周期最后一天的前 42 天的各可调因子的价格指数；

F_{01}；F_{02}；$F_{03} \cdots F_{0n}$——各可调因子的基本价格指数，指基准日期的各可调因子的价格指数。

以上价格调整公式中的各可调因子、定值和变值权重，以及基本价格指数及其来源在投标函附录价格指数和权重表中约定，非招标订立的合同，由合同当事人在专用合同条款中约定。价格指数应首先采用工程造价管理机构发布的价格指数，无前述价格指数时，可采用工程造价管理机构发布的价格代替。

（2）采用造价信息进行价格调整

合同履行期间，因人工、材料、工程设备和机械台班价格波动影响合同价格时，人工、机械使用费按照国家或省、自治区、直辖市建设行政管理部门、行业建设管理部门或其授权的工程造价管理机构发布的人工、机械使用费系数进行调整；需要进行价格调整的材料，其单价和采购数量应由发包人审批，发包人确认需调整的材料单价及数量，作为调整合同价格的依据。

（3）专用合同条款约定的其他方式

在特殊情况下，可将不可谈判的条款内容构成通用合同条款，对于可谈判的条款内容构成专用合同条款。专用合同条款是对通用合同条款原则性约定的细化、完善、补充、修改或另行约定的条款。专合同当事人可以根据不同建设工程的特点及具体情况，通过双方的谈判、协商对相应的专用合同条款进行修改、补充。例如：在市场价确定依据中，是采用当地信息价还是实际材料购买发票；采用分期单独计算还是取平均值计算；补差部分只计算税金还是要计算管理费、规费等，这些都可在专用条款中进行约定。

5. 竣工结算

（1）竣工结算申请

除专用合同条款另有约定外，承包人应在工程竣工验收合格后 28 天内向发包人和监理人提交竣工结算申请单，并提交完整的结算资料，有关竣工结算申请单的资料清单和份数等要求由合同当事人在专用合同条款中约定。

除专用合同条款另有约定外，竣工结算申请单应包括以下内容：

1）竣工结算合同价格；

2）发包人已支付承包人的款项；

3）应扣留的质量保证金。已缴纳履约保证金的或提供其他工程质量担保方式的除外；

4）发包人应支付承包人的合同价款。

（2）竣工结算审核

除专用合同条款另有约定外，监理人应在收到竣工结算申请单后 14 天内完成核查并报送发包人。发包人应在收到监理人提交的经审核的竣工结算申请单后 14 天内完成审批，并由监理人向承包人签发经发包人签认的竣工付款证书。监理人或发包人对竣工结算申请单有异议的，有权要求承包人进行修正和提供补充资料，承包人应提交修正后的竣工结算申请单。

发包人在收到承包人提交竣工结算申请书后 28 天内未完成审批且未提出异议的，视为发包人认可承包人提交的竣工结算申请单，并自发包人收到承包人提交的竣工结算申请单后第 29 天起视为已签发竣工付款证书。

除专用合同条款另有约定外，发包人应在签发竣工付款证书后的 14 天内，完成对承包人的竣工付款。发包人逾期支付的，按照中国人民银行发布的同期同类贷款基准利率支付违约金；逾期支付超过 56 天的，按照中国人民银行发布的同期同类贷款基准利率的两倍支付违约金。

承包人对发包人签认的竣工付款证书有异议的，对于有异议部分应在收到发包人签认的竣工付款证书后 7 天内提出异议，并由合同当事人按照专用合同条款约定的方式和程序进行复核，或按照第 20 条〔争议解决〕约定处理。对于无异议部分，发包人应签发临时竣工付款证书，并按本款第（2）项完成付款。承包人逾期未提出异议的，视为认可发包人的审批结果。

工程竣工结算支付程序如图 4-6 所示。

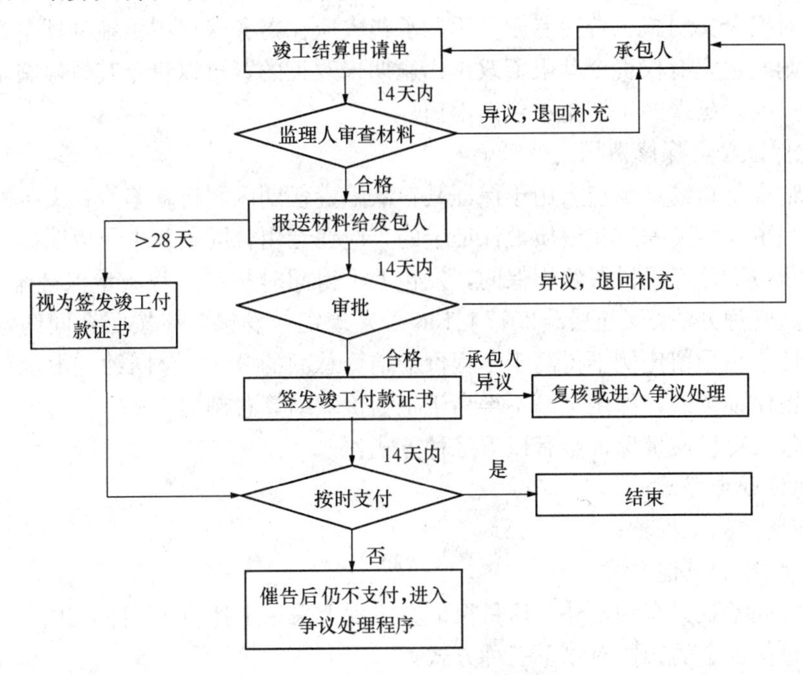

图 4-6 竣工结算支付程序示意图

（3）最终结清

除专用合同条款另有约定外，承包人应在缺陷责任期终止证书颁发后 7 天内，按专用合同条款约定的份数向发包人提交最终结清申请单，并提供相关证明材料。发包人对最终结清申请单内容有异议的，有权要求承包人进行修正和提供补充资料，承包人应向发包人提交修正后的最终结清申请单。

除专用合同条款另有约定外，发包人应在收到承包人提交的最终结清申请单后 14 天内完成审批并向承包人颁发最终结清证书。发包人逾期未完成审批，又未提出修改意见的，视为发包人同意承包人提交的最终结清申请单，且自发包人收到承包人提交的最终结清申请单后 15 天起视为已颁发最终结清证书。

除专用合同条款另有约定外，发包人应在颁发最终结清证书后 7 天内完成支付。发包人逾期支付的，按照中国人民银行发布的同期同类贷款基准利率支付违约金；逾期支付超过 56 天的，按照中国人民银行发布的同期同类贷款基准利率的两倍支付违约金。

6. 安全文明施工费

安全文明施工费由发包人承担，发包人不得以任何形式扣减该部分费用。因基准日期后合同所适用的法律或政府有关规定发生变化，增加的安全文明施工费由发包人承担。

承包人经发包人同意采取合同约定以外的安全措施所产生的费用，由发包人承担。未经发包人同意的，如果该措施避免了发包人的损失，则发包人在避免损失的额度内承担该措施费。如果该措施避免了承包人的损失，由承包人承担该措施费。

除专用合同条款另有约定外，发包人应在开工后28天内预付安全文明施工费总额的50%，其余部分与进度款同期支付。发包人逾期支付安全文明施工费超过7天的，承包人有权向发包人发出要求预付的催告通知，发包人收到通知后7天内仍未支付的，承包人有权暂停施工，并按第16.1.1项〔发包人违约的情形〕执行。

承包人对安全文明施工费应专款专用，承包人应在财务账目中单独列项备查，不得挪作他用，否则发包人有权责令其限期改正；逾期未改正的，可以责令其暂停施工，由此增加的费用和（或）延误的工期由承包人承担。

7. 质量保证金与保修费用

质量保证金是指约定承包人用于保证其在缺陷责任期内履行缺陷修补义务的担保。

经合同当事人协商一致扣留质量保证金的，应在专用合同条款中予以明确。在工程项目竣工前，承包人已经提供履约担保的，发包人不得同时预留工程质量保证金。《建设工程质量保证金管理办法》（建质［2017］138号）规定：发包人应按照合同约定方式预留保证金，保证金总预留比例不得高于工程价款结算总额的3%。合同约定由承包人以银行保函替代预留保证金的，保函金额不得高于工程价款结算总额的3%。

（1）承包人提供质量保证金有以下三种方式：

1）质量保证金保函；

2）相应比例的工程款；

3）双方约定的其他方式。

除专用合同条款另有约定外，质量保证金原则上采用上述第1）种方式。

（2）质量保证金的扣留有以下三种方式：

1）在支付工程进度款时逐次扣留，在此情形下，质量保证金的计算基数不包括预付款的支付、扣回以及价格调整的金额；

2）工程竣工结算时一次性扣留质量保证金；

3）双方约定的其他扣留方式。

除专用合同条款另有约定外，质量保证金的扣留原则上采用上述第1）种方式。

（3）质量保证金的退还

缺陷责任期内，承包人认真履行合同约定的责任，到期后，承包人可向发包人申请返还保证金。

发包人在接到承包人返还保证金申请后，应于14天内会同承包人按照合同约定的内容进行核实。如无异议，发包人应当按照约定将保证金返还给承包人。对返还期限没有约定或者约定不明确的，发包人应当在核实后14天内将保证金返还承包人，逾期未返还的，依法承担违约责任。发包人在接到承包人返还保证金申请后14天内不予答复，经催告后14天内仍不予答复，视同认可承包人的返还保证金申请。

发包人和承包人对保证金预留、返还以及工程维修质量、费用有争议的，按建设工程施工合同约定的争议和纠纷解决程序处理。

（4）保修费用

保修期内，修复的费用按照以下约定处理：

1）保修期内，因承包人原因造成工程的缺陷、损坏，承包人应负责修复，并承担修复的费用以及因工程的缺陷、损坏造成的人身伤害和财产损失；

2）保修期内，因发包人使用不当造成工程的缺陷、损坏，可以委托承包人修复，但发包人应承担修复的费用，并支付承包人合理利润；

3）因其他原因造成工程的缺陷、损坏，可以委托承包人修复，发包人应承担修复的费用，并支付承包人合理的利润，因工程的缺陷、损坏造成的人身伤害和财产损失由责任方承担。

4.3.6 安全文明施工与环境保护

安全生产是人命关天的大事，涉及施工现场的每一个人，牵动着施工人员的家庭与生活，关系到人民的生命和财产安全，也决定着工程施工能否顺利进行，是关系着承发包双方利益和社会利益的重要工作。在工程施工中，始终如一贯彻“安全第一，预防为主”的安全生产工作方针，采取切实有效的措施，加强安全管理，确保安全目标的实现和工程施工的顺利进行尤为重要。为使施工期间的环保工作有序、有效进行，减少施工过程对周围环境造成的不利影响，应当在承发包合同中依照国家及地方环境相关法规的要求，针对施工过程中环保工作的具体安排做出合理约定。

1. 安全生产的要求及责任

合同履行期间，合同当事人均应当遵守国家和工程所在地有关安全生产的要求，合同当事人有特别要求的，应在专用合同条款中明确施工项目安全生产标准化达标目标及相应事项。承包人有权拒绝发包人及监理人强令承包人违章作业、冒险施工的任何指示。

在施工过程中，如遇到突发的地质变动、事先未知的地下施工障碍等影响施工安全的紧急情况，承包人应及时报告监理人和发包人，发包人应当及时下令停工并报政府有关行政管理部门采取应急措施。

因安全生产需要暂停施工的，按照第7.8款〔暂停施工〕的约定执行。

一旦出现安全生产事故，发包人和承包人应当依据合同约定及现行法律政策的规定分别承担其应承担的责任。

发包人应负责赔偿以下各种情况造成的损失：

（1）工程或工程的任何部分对土地的占用所造成的第三者财产损失；

（2）由于发包人原因在施工场地及其毗邻地带造成的第三者人身伤亡和财产损失；

（3）由于发包人原因对承包人、监理人造成的人员人身伤亡和财产损失；

（4）由于发包人原因造成的发包人自身人员的人身伤害以及财产损失。

由于承包人原因在施工场地内及其毗邻地带造成的发包人、监理人以及第三者人员伤亡和财产损失，由承包人负责赔偿。

2. 安全生产保证措施

承包人应当按照有关规定编制安全技术措施或者专项施工方案，建立安全生产责任制度、治安保卫制度及安全生产教育培训制度，并按安全生产法律规定及合同约定履行安全职责，如实编制工程安全生产的有关记录，接受发包人、监理人及政府安全监督部门的检查与监督。

对于特别重大的安全事项，承包人应当专门制定相应的措施或者预案。

承包人应按照法律规定进行施工，开工前做好安全技术交底工作，施工过程中做好各项安全防护措施。承包人为实施合同而雇用的特殊工种的人员应受过专门的培训并已取得政府有关管理机构颁发的上岗证书。

承包人在动力设备、输电线路、地下管道、密封防震车间、易燃易爆地段以及临街交通要道附近施工时，施工开始前应向发包人和监理人提出安全防护措施，经发包人认可后实施。

实施爆破作业，在放射、毒害性环境中施工（含储存、运输、使用）及使用毒害性、腐蚀性物品施工时，承包人应在施工前 7 天以书面通知发包人和监理人，并报送相应的安全防护措施，经发包人认可后实施。

需单独编制危险性较大分部分项专项工程施工方案的，及要求进行专家论证的超过一定规模的危险性较大的分部分项工程，承包人应及时编制和组织论证。

3. 文明施工

承包人在工程施工期间，应当采取措施保持施工现场平整，物料堆放整齐。工程所在地有关政府行政管理部门有特殊要求的，按照其要求执行。合同当事人对文明施工有其他要求的，可以在专用合同条款中明确。

在工程移交之前，承包人应当从施工现场清除承包人的全部工程设备、多余材料、垃圾和各种临时工程，并保持施工现场清洁整齐。经发包人书面同意，承包人可在发包人指定的地点保留承包人履行保修期内的各项义务所需要的材料、施工设备和临时工程。

4. 环境保护

承包人应在施工组织设计中列明环境保护的具体措施。在合同履行期间，承包人应采取合理措施保护施工现场环境。对施工作业过程中可能引起的大气、水、噪声以及固体废物污染采取具体可行的防范措施。

承包人应当承担因其原因引起的环境污染侵权损害赔偿责任，因上述环境污染引起纠纷而导致暂停施工的，由此增加的费用和（或）延误的工期由承包人承担。

4.4　建设工程施工合同的履行

建设工程施工合同的履行是指承发包双方签订建设工程施工合同并生效之后，合同当事人按照合同内容的具体约定行使权利并承担各自的责任与义务的行为。建设工程施工合同的履行应当遵循公开、公正、公平、诚实守信的基本原则。在合同签订过程中，由于信息不完全或者承发包双方的疏忽、理解不全面，导致施工合同的条款并不完备，也会出现合同中没有约定或者约定不准确的情况，因此在实际履行过程中容易出现无法执行或者执行困难的问题。所以在建筑实践中，有必要在合同执行前以及执行过程中，有针对性地开展施工合同分析、重视施工合同交底，并做好合同履行过程中的跟踪与控制，坚持事前控制与事中控制并重，从而保证施工合同的顺利实施。

4.4.1　施工合同分析

1. 施工合同分析的概念与目的

施工合同分析一般都是由企业的合同管理部门或者项目部中的专门合同管理人员具体负责。如何将施工合同的目标（如工程范围、进度、费用、质量、安全等）和合同的具体约定在施工过程中具体落实，是企业和项目部不容忽视的重要问题。对于发包人、承包人和监理人来说，由具体的人在适当的时间完成具体的工作任务，是工程项目管理的需要。合同分析恰恰就是从合同执行的角度去分析、补充和解释合同的具体内容和要求，并将合同内容落实到具体问题和具体时间上，由具体的人员负责，从而指导日常的项目管理工作，为开展事前控制和事中控制确定依据。

施工合同分析的目的主要体现在以下几个方面。

（1）明确同一工程不同合同之间的关系

同一个工程可能会涉及十几份、几十份，甚至几百份合同，相互之间关系复杂，合同各方的权利、责任和义务关系极为复杂，有必要从整体上全面把握整个工程项目的合同体系，理顺合同之间的逻辑关系。

（2）分析施工合同中存在的缺项和漏项

在合同起草和谈判过程中，承发包双方会尽力的完善合同内容，但是由于信息不完全，难以保证施工合同内容十分完备，因此在合同执行时，有必要通过合同分析，找出合同漏项或者缺项，及早提出应对措施。

（3）分析施工合同中存在的争议

由于承发包双方对合同内容的理解存在差异，在实际履行过程中容易出现对合同某一条款的认识不同，进而产生纠纷，比如合同中有关法律术语的理解，有关工期、质量、费用的规定，有关各方主体的责任关系等。因此通过合同分析，对合同条文的内涵进行交流沟通，达成一致理解，从而避免争议的出现，有利于工程项目顺利实施，也可以及早地避免索赔事件的发生而影响双方的切身利益。

（4）分析合同风险，提出风险应对预案

不同的工程项目，其风险因素的种类、影响大小、发生概率都是不一样的。合同拟定和审查过程中，已经发现的风险可能估计不足，特定的风险可能被忽视或未被发现，通过合同分析，及早地发现工程主要影响因素，了解其风险量和发生概率，从而及早制定风险应对预案，做好事前控制，避免因为疏忽导致风险事件的扩大。

（5）合同任务分解与实施

在建筑实践中，合同的内容是要具体分解落实到具体的部门和人员的，这需要对合同的工作任务进行分解并定义具体要求，在落实过程中能够使具体的部门和人员尽快地领会并执行，也有利于在工程实施中进行检查和控制。

2. 施工合同分析的具体内容

不同的项目参与者，在不同的时期，为了不同的目的，进行合同分析的内容是存在较大区别的。一般情况下，包括以下几个方面的内容。

（1）合同的合规性评价

通过合同分析，要了解施工合同签订和实施的法律基础，定期检查合同内容是否遵循现行法律法规要求。无论是发包人还是承包人，了解施工合同适用的现行法律的基本情况，可以有效地指导合同的实施和索赔工作的顺利开展。因此对合同中明确提到的法律文件以及合同履行过程中发生变动的法律法规文件应当重点分析。

（2）发包人的主要任务

主要分析发包人在合同实施过程中主要承担的责任，主要有以下几个方面：

1）提供施工条件，主要体现在设计资料与图纸的提供、施工场地与道路运输条件、施工证件与批文的办理等；

2）明确其派驻施工现场的发包人代表的姓名、职务、联系方式及授权范围等事项；

3）明确发包人委托的监理人以及授权范围内履行的合同责任；

4）及时做出承包人履行合同时所必须的决策，如开工指令、各种批准手续、请示认可或者答复；

5）完成各项检查任务及竣工验收手续；

6）按合同约定支付预付款、工程款以及竣工结算，提供合同约定的材料与设备，及时接收验收合格的工程；

7）做好施工现场管理或者督促总承包人做好施工现场管理，对平行承包人和供应商的责任范围做出界定，解决争议，协调工作，并承担管理工作失误的损失。

（3）承包人的主要任务

通常主要分析承包人承担的主要工作责任、工作范围以及工程变更和工程索赔等。

1）承包人的主要工作责任

承包人的主要工作责任就是按照合同约定完成合同标的的施工任务，即在设计、采购、制作、试验、运输、土建施工、安装、验收、试生产、缺陷责任期维修等方面的主要责任。

2）承包人承担的施工现场管理责任以及施工现场人员的管理责任

施工现场管理包括施工用地的合理规划、施工总平面的设计与布置、施工现场使用的检查与调整、防火管理、文明施工、环境保护管理、施工现场安全管理等；施工现场人员管理包括施工现场人员生活条件、工作条件、安全责任落实、安全教育与训练、安全检查与考核等。

3）工作范围的界定

承包人的工作范围通常是依据建设工程施工合同文件中的工程量清单、图纸资料、工程说明、技术规范与标准等所界定。一般情况下，工作范围都是比较清晰的，否则在实施过程中会产生大量的工程变更和工程索赔。对于固定总价合同，尤其要对其工作范围进行详细细致的检查。

在施工合同实施过程中，工程师指令的工程变更如果属于施工合同规定的工作范围，承包人必须要无条件履行；如果工程师指令的工程变更超过了承包人应承担的工作范围，承包人仍是要执行，但是可以立即提出工程变更索赔。

4）工程变更与工程索赔

如上所述，工程变更往往伴随着工程索赔。在合同实施过程中，要按照既定的工程变更程序进行，并按照规定按时提交工程索赔申请。承包人应当依据施工合同的相关条款，制定工程变更与索赔的流程图，并由专人负责。

对于工程变更，要提前确定不同的情形所采取的有关补偿范围的计算方法，界定清楚费用补偿与工期补偿的具体条件以及有效期限。一般来说，索赔的期限越短，对承包人的管理水平要求越高，对发包人越有利，对承包人风险越大。

(4) 合同价格分析

对于施工合同价格，需要从以下几个角度进行重点分析：

1) 施工合同所采取的计价方法以及合同价格所包含的工程范围。不同的计价方法(单价合同、总价合同、成本加酬金合同) 对承发包工程的内容及其条件的要求是不同的，承发包双方面临的风险也有较大差别，因此必须清楚项目的实际情况以及所采用的计价方法，以避免选用计价方法不当而形成较大的工程风险。

2) 工程量计量程序、工程款 (预付款、进度款、竣工结算、最终结算等) 结算方法与支付方式、支付时间。

3) 合同价格调整的规定。主要包括费用索赔的前提条件、价格调整采用的方法、计价依据、工程索赔的有效期限等。

4) 工程款拖欠的处理程序与违约责任。主要包括工程款拖欠处理的程序、催告的方式、催告的期限、违约的责任与争议处理方式等。

(5) 工期分析

主要包括合同中约定的工期 (开工时间、竣工时间)、实际的开工时间、工期延误的原因及索赔、工期索赔的计算方法、工期索赔的程序及索赔时间等。

(6) 违约责任

合同实施过程中，当事人违约往往会造成另一方的损失，此时可以追究对方的违约责任。此时需要分析：

1) 违约的具体情形，具体包括发包人违约、承包人违约和第三方造成的违约等；

2) 违约的责任，需要重点分析每种情形违约人应付的具体责任，从而制定处理预案；

3) 违约发生后的处理，主要分析一旦出现违约，应采取何种方式应对，合同价款及违约金如何支付，下一步应采取的应对措施等。

(7) 工程验收、移交与工程保修

工程验收包括材料和机械设备的现场验收、隐蔽工程验收、单项工程验收、全部工程竣工验收等。在合同分析中，应当重点关注重要节点的验收要求、验收时间、验收程序、验收的结论以及法律后果。竣工验收合格的工程项目可以在规定的时间内办理移交手续，此时需要注意移交的范围、移交的时限、移交期间的工程照管责任、保修责任、工程价款的结算等内容。

(8) 索赔程序与争议的处理

主要分析索赔的程序、争议的解决方式 (一般在合同中约定) 及处理程序、未在合同中约定的争议解决方式及处理程序等。

3. 施工合同交底

施工合同与施工合同分析是工程项目实施管理的具体依据。在施工合同分析工作完成之后，应当组织决策层、项目部、职能部门及具体负责人员进行合同交底工作。

合同交底是由合同管理人员在对合同的主要内容进行分析、解释和说明的基础上，通过组织项目管理人员和各个工程小组学习合同条文和合同总体分析结果，使大家熟悉合同中的主要内容、规定、管理程序，了解合同双方的合同责任、工作范围以及各种行为的法律后果等，使大家都树立全局观念，使各项工作协调一致，避免执行中的违约行为。

项目经理及合同管理人员应当将工程任务及各种工作事件的责任进行分解，准确定义，落实到具体的工作小组、工作人员与分包单位，从而实现权、责、利对等。

施工合同交底工作的任务具体包括以下几方面内容：

（1）对施工合同的主要条款的理解达成一致；

（2）将施工合同中的工作任务分解并落实到具体负责人员，并明确不同工作负责人的具体权限范围；

（3）将工作任务进行分解，明确其内容范围、质量要求及具体实施要点；

（4）明确每一项工作的进度，确定持续时间；

（5）明确每一项工作的成本目标及消耗量；

（6）明确每一项工作的紧前工作及紧后工作；

（7）明确每一项工作无法按时完成造成的影响及其责任；

（8）明确施工合同各参与方（发包人、承包人、监理人、分包人、供货商）的责任与义务。

在传统观念中，施工管理人员更重视图纸交底工作，而往往忽视或者根本不组织合同分析或者合同交底，或者在管理过程中根本就没有合同交底的认识，这是一个认识误区。对合同缺乏足够的重视与分析，将会导致决策层、项目管理层以及具体的工作小组和个人对工程项目的合同体系缺乏宏观的整体认识，往往难以了解所有合同的基本内容，更容易导致不清楚整个合同体系中各个责任主体之间的关系及其工作内容，而影响工程项目施工的顺利实施。因此，重视施工合同交底工作对于提升施工企业的管理水平与经济效益尤为重要。

4.4.2 施工合同实施的控制管理

工程项目的施工过程就是施工合同的履行过程，合同的顺利实施，要求合同当事人必须共同履行其责任。合同控制是指发包人或者承包人的合同管理人员为了保证施工合同的顺利实施，以合同分析为依据，在合同履行过程中进行监督、检查、比较与纠偏的管理活动。在工程实施的过程中，对合同的履行情况进行跟踪与控制，并加强工程变更管理，可以保证工程项目顺利实现预定目标。

1. 施工合同实施监督与跟踪管理

施工合同的管理是一个动态管理的过程。施工合同实施过程中经常受到外界不确定性因素的影响，因此经常发生偏离合同目标的情形。同时，施工合同目标本身也并非一成不变，工程实施过程中不断出现的工程变更也会使工程的进度、成本、质量等目标发生变化，进而引起合同当事人的责任与义务、权利发生变化，因此合同实施本身就是不断进行动态调整的过程。

PDCA循环理论作为质量管理中一项有效的工具，通过计划、执行、检查和纠偏四个步骤持续改善对象的质量水平。将PDCA循环应用于合同管理可以规范合同管理的各类行为，提高合同管理的运行效率。PDCA是英语单词Plan（计划）、Do（执行）、Check（检查）和Action（纠偏）的第一个字母，PDCA循环就是按照这样的顺序进行质量管理，并且循环不止地进行下去的科学程序。

PDCA循环的工作程序如图4-7所示。

具体到施工合同控制管理，可以将工作阶段定义为：合同计划落实、合同跟踪、偏差判断与偏差处理。可以按照如图4-8所示的工作流程进行。

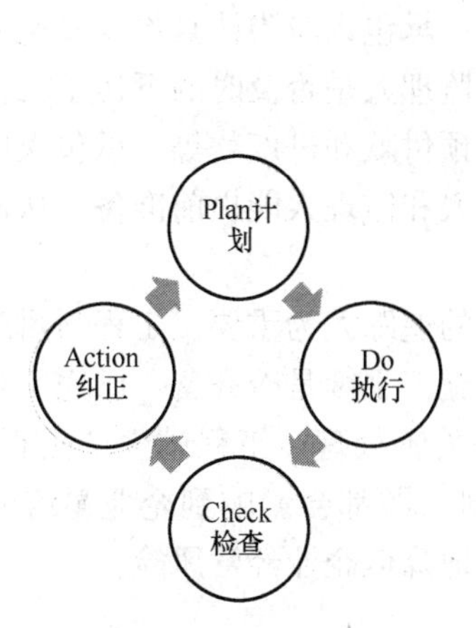

图 4-7 PDCA 循环示意图

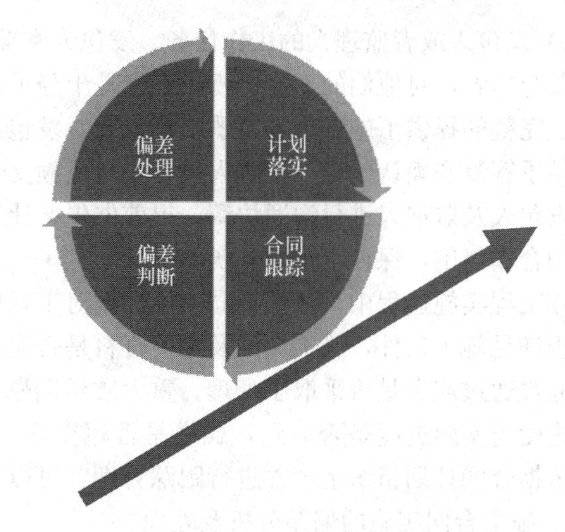

图 4-8 施工合同实施控制程序示意图

（1）合同实施计划落实

合同的履行是通过落实具体的合同实施计划来完成的，如施工现场各个施工任务的落实，人、材、机等资源的调配与落实，各工序之间的搭接施工等。对于承包人来说，作为履行合同义务的主体，合同执行人（项目经理及所有项目参与人）按照合同约定以及施工组织设计的具体安排进行施工本身就是对合同计划的落实过程。所有合同中约定的工作任务的执行都要落实到项目经理部或者项目参与人身上。

（2）合同实施跟踪

由于施工过程中，实际情况随时会发生变化，导致合同的预定目标与实际发生偏离，这种偏离需要及时地进行跟踪，以避免逐渐积累引起更大的影响。合同跟踪可以不断地找出偏差，不断地调整合同的实施，使实际结果与预定目标一致。施工合同跟踪主要包括两个方面：其一是承包单位的合同管理职能部门对合同执行者（项目经理部或项目参与人）的履行情况进行的跟踪、监督和检查；其二是合同执行者（项目经理部或项目参与人）本身对合同计划的执行情况进行的跟踪、检查与对比。

对于合同的执行者而言，合同追踪的依据主要包括：合同文件以及合同分析文件（实施计划、合同变更、实施预案等），各种实际工程文件（原始记录、工程报表、报告、验收文件、工程量计量文件等），工程管理人员定期对工地现场进行检查的办公文件（现场巡视资料、谈话记录、会议记录、质量检查或者计量记录等）。

合同跟踪的主要对象包括以下几个方面：

1）承包人的工作任务。主要包括工程施工的质量（材料、构件、设备等）、工作完成的数量、工程进度、工程成本等情况，需要判断工程质量是否符合合同要求、工程进度是否达到预期进度、工程是否有工程量的变更、工程成本是否增加或者减少等。

2）工作小组或者分包人的工作任务。在实际施工过程中，工程施工任务需要分解后交由不同的工作小组或者分包人完成。因为某一特定的工作小组或者分包人进度滞后或者质量达不到要求往往会造成整个工程工期滞后或者成本超支，合同管理人员必须进行追踪检查，组织协调，保证工程总体质量和进度，通常可以采取意见、建议、警告等方式。

3）发包人或者监理人的工作任务。发包人和监理人是承包人在施工合同履行过程中的主要合作者，对他们的工作进行跟踪也是十分重要的。承包人应当认真检查发包人是否及时、完整的提供了施工现场及图纸资料等，发包人和监理人是否及时的下达了工作指令或者给予答复和确认信息，发包人是否按时足额支付了预付款和进度款等。承包人应当主动和发包人及监理人进行沟通协调，提前催告，让发包人和监理人能提前准备，从而形成良好的合作氛围，保证工程顺利实施。

在工程实施过程中，依据合同实施计划对工程项目的追踪尤为重要。工程项目施工现场是否满足施工条件，施工图纸及相关资料是否完备，施工手续是否齐备，已完工程是否已经验收通过或者是否采取了处理，重大质量问题是否妥善处理，工程试生产是否顺利，计划进度与实际进度是否一致，成本是否超支等一系列问题都会影响到企业最终经济效益，依据合同计划组织生产并进行跟踪管理，可以有效地降低企业经营风险。

2. 施工合同实施的偏差分析及处理

通过合同跟踪，通常会发现合同实施中存在着偏差，即工程实际情况偏离了合同约定或预定目标，应该进一步分析偏差产生的原因，并采取处理措施进行纠偏，以降低损失。

（1）合同实施的偏差分析

合同的偏差分析与判断主要包括以下几个方面：

1）偏差产生的原因分析。通过对合同执行实际情况与实施计划的对比分析，不仅可以发现合同实施的偏差，而且可以探索引起差异的原因。原因分析可以采用鱼刺图、因果关系分析图（表）、成本量差、价差、效率差分析等方法定性或定量地进行。

2）偏差的责任分析。主要是根据合同偏差产生的原因追溯具体责任人，通常按照谁引起谁负责的原则进行认定。责任分析必须严格依据合同的约定，有理有据，证据确凿。

3）偏差趋势分析。针对合同实施偏差情况，可以采取不同的措施，并分析在不同措施下合同执行的结果与趋势。其一，考察最终的工程状况，包括总工期的延误、总成本的超支、质量标准、所能达到的生产能力（或功能要求）等；其二，承包商应该承担何种后果；其三，工程最终经济效益（利润）水平如何。

（2）合同偏差处理

根据合同实施偏差分析的结果，承包商应该采取相应的调整措施，调整措施可以分为：

1）组织措施，如增加人员投入、调整人员安排、调整工作流程和工作计划等；

2）技术措施，如优化技术方案，采用新的高效率的施工方案等；

3）经济措施，如增加投入，采取经济激励措施改善施工等；

4）合同措施，如变更合同、签订附加协议、进行索赔等。

3. 工程变更管理

任何工程在实施中，都会因为外界因素的影响而发生不同程度的变更，有一些是承发包双方主动变更，而有一些变更是承发包双方都无法预测的，在开工后无法回避的。工程变更一般是指在工程施工过程中，根据合同约定对施工的程序、工程的内容、数量、质量要求及标准等作出的变更。

（1）变更权

发包人和监理人均可以提出变更。变更指示均通过监理人发出，监理人发出变更指示前应征得发包人同意。承包人收到经发包人签认的变更指示后，方可实施变更。未经许可，承包人不得擅自对工程的任何部分进行变更。

(2) 工程变更的范围及原因

依据2017版示范文本，除专用合同条款另有约定外，合同履行过程中发生以下情形的，应进行工程变更：

1) 增加或减少合同中任何工作，或追加额外的工作；

2) 取消合同中任何工作，但转由他人实施的工作除外；

3) 改变合同中任何工作的质量标准或其他特性；

4) 改变工程的基线、标高、位置和尺寸；

5) 改变工程的时间安排或实施顺序。

工程变更一般主要有以下几个方面的原因：

1) 发包人的原因。如业主有新的意图、修改项目计划、项目预算变更等。

2) 未能领会发包人意图。由于设计人、监理人或者承包人事先未能准确理解发包人的真实意图，造成设计错误、指令不准确或者施工达不到要求导致质量缺陷、工期延误等。

3) 工程环境的变化，招标文件中预定的工程条件不准确，导致承包人制定的施工方案无法顺利实施，要求实施方案或实施计划变更。

4) 由于产生新技术和知识，有必要改变原设计、原拟定的实施方案或实施计划，或由于业主指令及业主责任的原因造成承包人施工方案的改变。

5) 政府部门对工程新的要求，如国家出台新的政策或者环境保护要求、城市规划变动等。

6) 合同本身的原因导致合同实施出现问题，必须调整合同目标或修改合同条款。

(3) 工程变更程序

一般工程施工承包合同中都有关于工程变更的具体规定。工程变更一般按照如下程序进行，如图4-9所示。

1) 提出工程变更要求

通常情况下发包人、承包人和监理人都可以提出工程变更申请。由于发包人要求、政府部门要求、环境变化、不可抗力、原设计错误等导致的设计修改，应该由发包人承担责任。由于承包人的施工过程、施工方案出现错误、疏忽而导致设计的修改或者施工方案的修改，应该由承包人承担责任。

2) 工程变更批准

承包人提出的工程变更，应该交予监理人审查并批准；设计方提出的工程变更应该与发包人协商或经发包人审查并批准；发包人提出的工程变更，涉及设计修改的应该与设计人协商，并通过监理人发出。监理人发出工程变更的权力，一般会在施工合同中明确约定，通常在发出变更通知前应征得发包人批准。

3) 工程变更指示

工程变更指示可以采取书面形式和口头形式两种形式。一般情况下应该采取书面形式发布变更指示，如果由于情况紧急而来不及发出书面指示，承包人应该根据合同约定在规定时间内要求监理人书面认可。

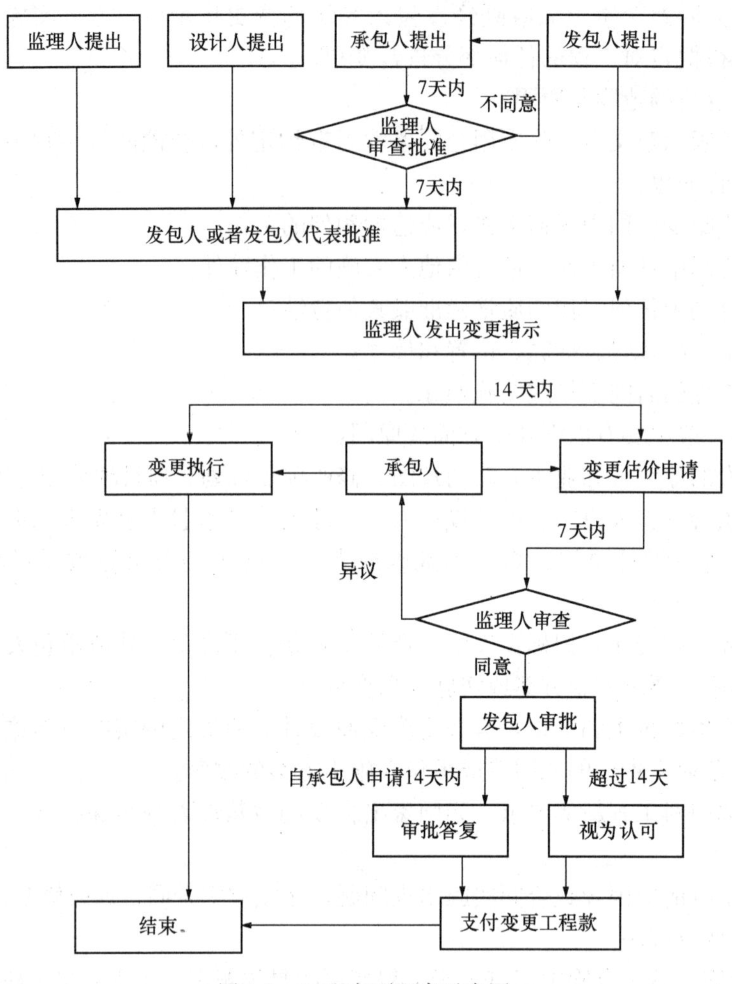

图 4-9　工程变更程序示意图

4）工程变更执行

根据工程惯例，为了不影响工程进度，除非监理人发出的变更指示明显超越合同权限，承包人应该无条件地执行工程变更的指示。即使工程变更价款没有确定，或者承包人对监理人答应给予付款的金额不满意，承包人也必须一边进行变更工作，一边根据合同寻求解决办法。

（4）工程变更估价与工期调整

除专用合同条款另有约定外，变更估价按照本款约定处理：

1）已标价工程量清单或预算书有相同项目的，按照相同项目单价认定；

2）已标价工程量清单或预算书中无相同项目，但有类似项目的，参照类似项目的单价认定；

3）变更导致实际完成的变更工程量与已标价工程量清单或预算书中列明的该项目工程量的变化幅度超过 15％的，或已标价工程量清单或预算书中无相同项目及类似项目单价的，按照合理的成本与利润构成的原则，由合同当事人按照第 4.4 款〔商定或确定〕确定变更工作的单价。

因变更引起工期变化的，合同当事人均可要求调整合同工期，由合同当事人按照第4.4款〔商定或确定〕并参考工程所在地的工期定额标准确定增减工期天数。

4.4.3 施工合同分包管理

建设工程施工分包合同是指建设工程项目承包人就某一部分工作委托给下一级承包商的就其权利与义务意思表示一致的协议文件。依据《中华人民共和国建筑法》第二十九条之规定：建筑工程总承包单位可以将承包工程中的部分工程发包给具有相应资质条件的分包单位；但是，除总承包合同中约定的分包外，必须经建设单位认可。禁止总承包单位将工程分包给不具备相应资质条件的单位。禁止分包单位将其承包的工程再分包。

建设工程施工分包包括专业工程分包和劳务作业分包两种。专业分包是指工程项目施工总承包人就某一项专业工程（往往包括劳务和专业采购）发包给具有相应资质的施工单位或者供应商，并与之签订合同；劳务分包是指施工总承包人或者专业承包人将其承包的建设工程的劳务作业发包给劳务承包人，并与之签订合同。

通常情况下，建设工程施工总承包或者施工承包管理往往是由实力雄厚并且资质较高的大型企业承担，而专业工程施工任务往往是由中小型的专业公司或者劳务公司来承揽，因此工程分包是建筑市场中比较普遍的现象。

需要注意的是，发包人与总承包人之间签订的工程合同是主合同，分包合同是以主合同为前提条件的，分包人必须在遵守分包合同的同时，遵守主合同的相关规定。在实际操作中，应当认定分包人对主合同的内容条款是全面了解的，包括合同条件、有关项目所采用的技术规范、标准、图纸等相关细节内容。

1. 施工分包单位的管理主体

通常情况下，施工分包单位可以由发包人直接指定，也可以在发包人同意的情况下由施工总承包或者施工总承包管理单位自主确定，其合同既可以与业主签订，也可以与施工总承包或者施工总承包管理单位签订。

一般情况下，无论是业主指定的分包单位还是施工总承包或者施工总承包管理单位选定的分包单位，其分包合同都是与施工总承包或者施工总承包管理单位签订。对分包单位的管理责任，也是由施工总承包或者施工总承包管理单位承担。

承包人应按专用合同条款的约定进行分包，确定分包人。已标价工程量清单或预算书中给定暂估价的专业工程，按照第10.7款〔暂估价〕确定分包人。按照合同约定进行分包的，承包人应确保分包人具有相应的资质和能力。工程分包不减轻或免除承包人的责任和义务，承包人和分包人就分包工程向发包人承担连带责任。除合同另有约定外，承包人应在分包合同签订后7天内向发包人和监理人提交分包合同副本。

对于分包人而言，除了指定分包之外，通常情况项目业主（发包人）与分包人之间是不存在直接的合同关系的，但是项目业主与分包人之间的确存在或多或少的利害关系，因此正确处理发包人、总承包人、分包人之间的关系尤为重要。就承包人与分包人而言，其关系类似于发包人与承包人之间的关系，只是二者之间不存在作为独立第三方的监理人参与具体工作，一般情况下项目业主（发包人）委托的监理人是不能直接干涉承包人与分包人之间的日常事务的，因此双方的争议处理往往会相对比较复杂。

2. 分包的一般约定

承包人不得将其承包的全部工程转包给第三人，或将其承包的全部工程肢解后以分包的名义转包给第三人。承包人不得将工程主体结构、关键性工作及专用合同条款中禁止分包的专业工程分包给第三人，主体结构、关键性工作的范围由合同当事人按照法律规定在专用合同条款中予以明确。承包人不得以劳务分包的名义转包或违法分包工程。

3. 分包的合同价款与权益转让

（1）除第（2）目约定的情况或专用合同条款另有约定外，分包合同价款由承包人与分包人结算，未经承包人同意，发包人不得向分包人支付分包工程价款；

（2）生效法律文书要求发包人向分包人支付分包合同价款的，发包人有权从应付承包人工程款中扣除该部分款项。

分包人在分包合同项下的义务持续到缺陷责任期届满以后的，发包人有权在缺陷责任期届满前，要求承包人将其在分包合同项下的权益转让给发包人，且承包人应当转让。除转让合同另有约定外，转让合同生效后，由分包人向发包人履行义务。

4. 分包单位管理的内容

对施工分包单位管理的内容包括成本控制、进度控制、质量控制、安全管理、信息管理、人员管理、合同管理等。

（1）成本控制

首先，无论采用何种计价方式，都可以通过竞争方式降低分包工程的合同价格，从而降低承包工程的施工总成本。

其次，在对分包工程款的支付审核方面，通过严格审核实际完成工程量，建立工程款支付与工程质量和工程实际进度挂钩的联动审核方式，防止超额支付和提早支付。

对于业主指定分包，如果不是由业主直接向分包人支付工程款，则要把握分包工程款的支付时间，一定要在收到业主的工程款之后才能支付，并应扣除管理费、配合费和质量保证金等。

（2）进度控制

首先，应该根据施工总进度计划提出分包工程的进度要求，向施工分包单位明确分包工程的进度目标；其次，应该要求施工分包单位按照分包工程的进度目标要求建立详细的分包工程施工进度计划，通过审核判断其是否合理，是否符合施工总进度计划的要求，并在工程进展过程中严格控制其执行。

在施工分包合同中应该确定进度计划拖延的责任，并在施工过程中进行严格考核。在工程进展过程中，承包单位还应该积极为分包工程的施工创造条件，及时审核和签署有关文件，保证材料供应，协调好各分包单位之间的关系，按照施工分包合同的约定履行好施工总承包人的职责。

（3）质量控制和安全管理

在分包工程施工前，应该向分包人明确施工质量要求，要求施工分包人建立质量保证体系，制定质量保证和安全管理措施，经审查批准后再进行分包工程的施工。

施工过程中，严格检查施工分包人的质量保证与安全管理体系和措施的落实情况，并根据总承包单位自身的质量保证体系控制分包工程的施工质量。

5. 专业分包与劳务分包合同示范文本

2003 年 8 月原建设部与国家工商行政管理总局制定并颁布了《建设工程施工专业分包合同（示范文本）》（GF-2003-0213）。该示范文本由合同协议书、通用条款和专用条款三部分构成。通用条款部分包含了词语定义及合同条件，双方一般权利和义务，工期，质量与安全，合同价款与支付，工程变更，竣工验收及结算，违约、索赔及争议，保障、保险及担保，其他等共38条。

2003年8月原建设部与国家工商行政管理总局制定并颁布了《建设工程施工劳务分包合同（示范文本）》(GF-2003-0214)。该示范文本总计包含了双方一般权利和义务，工期，质量、安全，劳务报酬，工程量计算，违约、索赔及争议，保险等共35条。主要包括劳务分包人资质情况、劳务分包工作对象及提供劳务内容、分包工作期限、质量标准、合同文件及解释顺序等。

为了深入贯彻党的十九大精神，以习近平新时代中国特色社会主义思想为指导，贯彻落实《国务院办公厅关于促进建筑业持续健康发展的意见》，坚持质量第一、效益优先。以解决建筑业发展不平衡不充分问题为目标，建筑市场监管司将会继续修订工程总承包合同示范文本，研究制定工程总承包设计、采购、施工的分包合同示范文本，完善工程总承包合同管理，同时出台培育现代化建筑产业工人队伍指导意见，推进建筑劳务用工制度改革，大力发展专业作业企业。

4.5 案例分析

【案例4-1】某酒店装饰装修工程，经有关部门批准后通过公开招标选定了中标单位并参照《建设工程施工合同（示范文本）》签订了施工合同。由于设计单位原因，提供的施工图纸内容存在瑕疵，导致承包范围内的工程量无法准确确定，需要进一步调查方能确认。但是由于工期比较近，项目业主也要求尽快开工，双方商定采用可调价格合同形式，以免双方承担不必要的额外风险。工程实施过程中，由于材料市场价格变动幅度比较大，当地工程造价管理部门发布了人工费价格调整文件；因后续图纸无法及时提供，发包人向承包人发出了暂停施工的通知，施工单位暂停施工。

问题1：本案例中，承发包双方采用可调价格合同是否恰当？请说明依据。

问题2：本案例中，人工费上涨是否可以给予调整？请说明依据。

问题3：可调价格合同的调价因素主要有哪些？

问题4：本案例中，工程暂停施工应该如何处理？

【参考答案】

1. 本案例中采用可调价格合同是合理的。因为依据已知条件，该工程的施工图纸并不完整，承包人承包的工程任务的工程量难以准确确定，存在较多的不确定因素，为合理的分担风险，可以采用可调价格合同。

2. 本案例中的人工费上涨部分应当给予调整。根据《建设工程施工合同（示范文本)》相关规定，可调价格合同中关于合同价款的调整因素中，包含了工程造价管理部门公布的价格调整因素。

3. 可调价格合同的调价因素包括：市场价格波动超过合同当事人约定的范围，合同价格应当调整；因法律变化引起的合同价格和工期调整；双方约定的其他调整。

4. 对于暂停施工引起的工期延误和费用增加，施工单位可以向建设单位提出索赔。

《建设工程施工合同（示范文本）》通用条款第7.8条明确给出了暂停施工的原因及索赔的处理方式。

【案例4-2】某施工单位根据领取的某200m^{2}两层厂房工程项目招标文件和全套施工图纸，采用低报价策略编制了投标文件，并获得中标。该施工单位（乙方）于某年某月某日与建设单位（甲方）签订了该工程项目的固定价格施工合同。合同工期为8个月。甲方在乙方进入施工现场后，因资金紧缺，无法如期支付工程款，口头要求乙方暂停施工一个月。乙方亦口头答应。工程按合同规定期限验收时，甲方发现工程质量有问题，要求返工。两个月后，返工完毕。结算时甲方认为乙方迟延交付工程，应按合同约定偿付逾期违约金。乙方认为临时停工是甲方要求的。乙方为抢工期，加快施工进度才出现了质量问题，因此迟延交付的责任不在乙方。甲方则认为临时停工和不顺延工期是当时乙方答应的。乙方应履行承诺，承担违约责任。

问题1：该工程采用固定价格合同是否合适？

问题2：该施工合同的变更形式是否妥当？此合同争议依据合同法律规范应如何处理？

【参考答案】

1. 因为固定价格合同适用于工程量不大且能够较准确计算、工期较短、技术不太复杂、风险不大的项目。该工程基本符合这些条件，故采用固定价格合同是合适的。

2. 根据《中华人民共和国合同法》和《建设工程施工合同（示范文本）》的有关规定，建设工程合同应当采取书面形式，合同变更亦应当采取书面形式。若在应急情况下，可采取口头形式，但事后应予以书面形式确认。否则，在合同双方对合同变更内容有争议时，往往因口头形式协议很难举证，而不得不以书面协议约定的内容为准。本案例中甲方要求临时停工，乙方亦答应，是甲、乙双方的口头协议，且事后并未以书面的形式确认，所以该合同变更形式不妥。在竣工结算时双方发生了争议，对此只能以原书面合同规定为准。在施工期间，甲方因资金紧缺要求乙方停工一个月，此时乙方应享有索赔权。乙方虽然未按规定程序及时提出索赔，丧失了索赔权，但是根据《民法通则》之规定，在民事权利的诉讼时效期内，仍享有通过诉讼要求甲方承担违约责任的权利。甲方未能及时支付工程款，应对停工承担责任，因此应当赔偿乙方停工一个月的实际经济损失，工期顺延一个月。工程因质量问题返工，造成逾期交付，责任在乙方，故乙方应当支付逾期交工一个月的违约金，因质量问题引起的返工费用由乙方承担。

【案例4-3】某综合办公楼工程，建设单位A通过招标投标确定承包人B承担工程实施任务并签订了总承包合同。该工程合同包含了勘察设计工作，但是承包人B并不具备勘察设计资质，因此在和建设单位A协商一致后，承包人B分别委托设计公司C和施工单位D负责工程的勘察设计工作和施工工作。勘察设计合同约定设计公司C负责该综合办公楼的勘察设计工作并按时交付相关材料，施工合同约定施工单位D负责依照设计单位C提供的勘察设计文件组织施工，该工程在竣工时按照国家有关竣工验收的规定以及设计图纸资料进行质量验收手续。上述两份合同签订之后，设计公司C和施工单位D按照约定履行了合同，但是在工程竣工验收时，建设单位A发现工程存在严重质量问题，经调查是由于设计原因造成的，因此建设单位A提出索赔，设计单位C认为其与建设单位B并不存在合同关系，因此拒绝承担责任，而总承包人B认为其并非该工程项目设计人，且勘查设计合同是经过A同意与C签订的，A应当了解事情的全过程并应承担风险，因此拒绝承担责任，由此建设单位A以C为被告提起民事诉讼。

问题1：在本案例中，建设单位A与承包人B、承包人B与设计单位C、承包人B与施工单位D分别签订的合同是否有效？为什么？

问题2：在本案例中出现的工程质量问题，应该由谁承担？

问题3：A是否可以起诉设计单位C？为什么？

【参考答案】

1. 在本案例中，合同有效性需要依据《合同法》和《建筑法》有关规定进行判定：

A与B签订的承包合同是有效的。依据现行《合同法》和《建筑法》有关规定，发包人可以与总承包单位签订建设工程合同，也可以分别与勘察人、设计人、施工人分别签订勘察、设计、施工合同。

B和C签订的勘察设计合同是有效的。依据现行《合同法》和《建筑法》有关规定，总承包人或者勘查人、设计人、施工人经发包人同意，可以将自己承包的部分工作交由第三方完成。

B和D签订的施工合同是无效的。依据现行《合同法》和《建筑法》有关规定，承包人不得将其承包的全部建设工程转包给第三人或者将其承包的全部建设工程肢解后以分包的名义转包给第三人。建设工程主体结构的施工必须由承包人自行完成。在本案例中，承包人B将其所承包的所有施工任务全部分包给了D，与现行法律规定是违背的，因此该合同是无效的。

2. 在本案例中，经确认是因为设计原因造成的，从而给建设单位带来了经济损失，因此承包人B和设计单位C应当承担连带责任。

3. 建设单位A以设计单位C为被告提起诉讼不恰当。依据现行《合同法》和《建筑法》有关规定，总承包单位依法将建设工程分包给其他单位的，分包单位依照分包合同约定就分包工程的质量对总承包单位负责，总承包单位和分包单位对分包合同承担连带责任。在本案例中，建设单位A和设计单位C的确不存在合同关系，建设单位A与承包单位B是存在合同关系的。

【案例4-4】案情分析❷

基本案情：

原告甲公司向法院起诉称，2012年10月，建设单位丙公司将青岛某绿化工程发包给被告乙公司。此后，被告乙公司将该工程中的一部分分包给原告甲公司，双方签订了《建设工程施工承包合同书》，约定由甲公司实际施工，乙公司收取8%的管理费和2%的所得税。合同签订后，原告甲公司施工了部分工程，2013年6月份原被告协商同意原告退出施工，双方对已完工程量进行了清点，并办理了工程验收交接，同时进行了工程结算。但被告未支付价款。请求判令：被告乙公司支付原告甲公司工程款260万元。被告乙公司辩称，双方签订的解除合同协议书中约定了双方结算后按照建设单位丙公司向被告乙公司支付工程款的进度和比例支付，现在建设单位未结算完毕，不具备向原告甲公司支付工程款的条件。

---

❷ 注：本案例资料来源于 http：//m.dzwww.com/d/news/15778168.html？from=groupmessage.

法院经审理查明：

(1) 建设单位丙公司青岛某道路绿化工程（景观绿化）发包给被告乙公司，双方签订了《青岛市建设工程施工合同》。约定了暂定价款 3000 万元，以最终审计结果为准。

(2) 被告乙公司将上述道路绿化工程中的一部分工程分包给原告甲公司，并签订了《建设工程施工承包合同书》，约定被告乙公司按照工程结算值的 8%提取管理费，结算依据招标投标标底优惠后综合单价及相关规范约定。

(3) 原告甲公司不具备道路绿化工程施工资质。

(4) 2013 年 6 月份，原告甲公司与被告乙公司签订了《建设工程施工承包合同书》解除协议书一份，约定自协议签订之日起，双方解除施工合同。按照实际施工内容结算工程款。截至本协议签订之日止，已实际完成的全部工程施工内容为《实际完成的工程施工内容明细》所列明的内容，其工程量暂定为 300 万元。乙公司比照工程建设单位向其支付工程款的进度与比例，及时按照前款规定扣除 8%的管理费用、税金，余款 252 万元。相应地向甲公司支付工程款。付款时间为工程建设单位丙公司向被告乙公司拨付工程进度款后七日内。

(5) 2014 年 8 月，建设单位丙公司出具情况说明，证明涉案工程整个一标段 2014 年 5 月完工并进入养护维修期。

(6) 原被告双方申请对甲公司实际施工的涉案工程的工程价款进行评估鉴定。法院委托青岛国信工程咨询有限公司对涉案工程在甲公司施工期间的工程造价进行了鉴定。鉴定结论为：甲公司施工的道路绿化工程造价为 370 万元。

法院判决：

涉案工程系建设单位丙公司发包给乙公司的绿化工程，乙公司承包后又将该工程中的一部分分包给甲公司，甲公司不具有建筑公司施工资质，乙公司与甲公司签订的分包合同为无效合同，但合同无效的，可参照合同约定的结算条款对工程造价进行结算。故，涉案原告甲公司施工的工程价款以双方申请作出的鉴定结论为依据，扣除约定由原告承担费用后尚欠 219 万元未支付。关于双方争议的支付条件是否成就问题，甲公司分包的涉案工程已竣工初验且已交付并进入养护期，而建设单位丙公司无正当理由长期未审计结算，双方不宜再按照原约定的以建设单位付款进度和比例支付工程款，原告甲公司可以向被告乙公司主张工程价款。遂判令被告乙公司于判决生效后十日内向原告甲公司支付工程欠款 219 万元，对原告的其他诉讼请求予以驳回。

法官点评：

实际施工人或转（分）包单位与合同相对方约定“以建设单位审计结果为准”或者“按照建设单位付款进度支付工程款”的，审判实务中对该类约定如何认定呢？

通常情况下，合同双方做出的上述约定并不违反法律和行政法规的强制性规定，应认定该约定合法有效，且根据当事人意思自治的法律原则，应当要求当事人依照约定履行。该种约定系承包人为减少自身的资金压力，向实际施工人或转（分）包人转移风险的一种条款。

当建设单位长期不对工程造价进行结算时，会导致实际施工人或分包单位亦长期无法收到工程款，其向合同相对方索要工程款时，会以建设单位未结算或未付款为由被拒。审判实务中常见的与此相关的拖延结算事由通常有：需要由政府机关或关联单位主导审计结算，建设单位将工程自行分包以及由承包人另行转（分）包的工程因管理混乱、工程资料不齐全或各分包单位相互牵制导致难以结算等，其中既可能有主观恶意拖延的因素，也可能有受客观条件限制的原因。但对于实际施工人或分包单位而言，不论拖延结算的原因为何，其面临巨大的资金压力以及工人追讨欠薪压力，多数会向法院提起诉讼。

对于该类约定，法院一方面会尊重当事人意思自治，对于当事人自由自愿签订的合同条款效力依法予以认定，另一方面在该类条款合法有效时会进一步对于该约定的付款条件或期限是否成就或届满进行实质性审查。总之，对于此类合同约定，法院往往通过举证责任分配兼顾公平合理的原则查明相关事实，对该类约定是否作为付款条件予以认定。

本章小结

建设工程施工合同管理是工程项目管理的核心工作，是工程项目各方主体都必须高度重视的全面的、综合的、系统性的管理工作。本章首先介绍了建设工程施工合同的概念、特征，施工合同管理的组织、主要工作内容；其次介绍了建设工程施工合同的分类及合同计价方式；然后详细阐述了《建设工程施工合同（示范文本）》中参与主体的权利与义务、进度管理、质量管理、费用管理、安全文明施工及环境保护等内容；最后介绍了建设工程施工合同的跟踪管理及偏差分析。

思考与练习题

1. 请简述建设工程施工合同的概念，并介绍建设工程施工合同的当事人。
2. 请简述建设工程施工合同的订立条件与原则。
3. 请简述按照计价方式划分，建设工程施工合同的类型。
4. 请简述单价合同适用于哪些项目类型。
5. 请简述总价合同适用于哪些项目类型。
6. 请简述成本加酬金合同适用于哪些项目类型。
7. 请简述发包人对建设工程施工合同管理的主要内容。
8. 请简述承包人对建设工程施工合同管理的主要内容。
9. 请简述监理人对建设工程施工合同管理的主要内容。
10. 请简述《建设工程施工合同（示范文本）》中进度管理的主要内容。
11. 请简述《建设工程施工合同（示范文本）》中质量管理的主要内容。
12. 请简述《建设工程施工合同（示范文本）》中费用管理的主要内容。

第5章　建设工程施工索赔

本章要点及学习目标

通过本章的学习，学生应掌握以下知识点：了解工程索赔的分类、工程索赔产生的原因、《建设工程施工合同（示范文本）》中有关工程索赔的相关条款内容以及索赔的解决方法。掌握工程索赔的证据分类、索赔的性质、索赔的处理程序以及索赔的计算方法等。

5.1　建设工程施工索赔概述❸

建设工程具有固定性、规模大、周期长、结构复杂等特点，因此在具体实施过程中容易受到政策因素、市场因素、自然条件、天气原因、人为原因等因素的干扰，最终超出了合同约定的条件，导致合同当事人遭受合同之外的损失。因此有必要采取一定的措施给合同当事人提供保护，以维护合同公平原则和诚实守信原则，弥补当事人不应当承担的额外损失。在建设工程市场中，工程索赔是承发包双方保护自身正当利益、弥补工程额外损失、提高自身经济效益的重要和有效手段。随着建筑市场立法环境的逐步完善，我国《合同法》和《建筑法》都具有相应的工程索赔的条款。

在市场经济条件下，建筑市场中的工程索赔是一种正常的行为。随着国内施工企业越来越多的参与国际工程市场，国际工程承发包行为越来越多，认真对待工程索赔并深入研究有利于维护国家利益与企业效益。同时伴随着国外施工企业越来越多地进入国内市场，建设项目发包人也应当时刻准备应对国外施工企业的工程索赔，以避免自身利益遭受损失。

5.1.1　工程索赔的基本内涵

索赔（claim）是指在合同履行过程中，受到损失的一方当事人向违约的另一方当事人提出损害赔偿的要求。索赔是一个广义的概念，通常是对某事或者某物权利的一种主张、要求或者坚持。

建设工程索赔通常是指在工程合同履行过程中，合同当事人一方因对方不履行或未能正确履行合同或者由于其他非自身因素而受到经济损失或权利损害，通过合同规定的程序向对方提出经济或时间补偿要求的行为。在工程实施的各个阶段，都有可能发生工程索赔，通常情况下发生在施工阶段。工程索赔是维护工程合同中承发包双方的合法利益所做出的一种管理措施。

1. 工程索赔的特征

工程索赔具有以下几个特征。

---

❸　注：本章为了行文方便，不区分工程索赔和施工索赔。

（1）索赔是一种双向行为

承包人可以向发包人提出索赔，同样发包人也可以向承包人提出索赔。通常我们把发包人向承包人提出的索赔称为反索赔。在建设市场中，承包人通常承担了较多的市场风险，相对于发包人而言处于被动和不利的地位，因此工程索赔主要以承包人对发包人的索赔为主。事实上，合同当事人任何一方都应当在自身利益受到损失时及时提出索赔，阻止对方的不合理索赔。

（2）工程索赔是为了弥补遭受损失一方的工期损失和经济损失

经济损失通常是指因为对方的原因或者第三方原因造成了额外的经济支出（如人工费、材料费、机械使用费、管理费等）。工期损失是指由于非承包人原因造成对工程进度的不利影响。只有实际上发生了的经济损失和工期损失才能获得赔偿，没有合同和法律依据及切实可信的证据的索赔是不能成立的。

（3）工程索赔是一种经济补偿行为

如上所述，工程索赔是为了弥补遭受损失的一方当事人，因此并非是惩罚行为。索赔是为了维护双方利益而展开的正确履行合同的法定权利。索赔方所受到的损害可能是对方当事人一定的行为造成的，可能是不可抗力因素造成的，也可能是第三方行为导致的。一般情况下，可以通过合同约定的方式进行解决，如果双方意见无法达成一致，也可以采用仲裁或者诉讼的方式解决。

（4）工程索赔不是违约责任

在建设工程合同中，违约责任必然是在合同中约定的。工程索赔事件的发生并不需要在建设工程合同中有明文约定。合同的违约行为不一定会给对方当事人造成不利后果，违约行为会依据合同约定加以惩罚；工程索赔行为成立的前提之一就是一定要有损失后果才能提出，因此具有补偿性而不具有惩罚性。

2. 工程索赔的作用

工程索赔与建设工程合同伴随存在，其主要作用体现在以下几个方面。

（1）工程索赔有利于保障承发包双方紧密合作，有助于建设工程合同顺利实施

建设工程合同签订之后，承发包双方即产生法定的权利与义务关系，这种权利受到法律的保护，同时这种义务也受到法律的约束。索赔可以有效地保障承发包双方的权利，避免合同不完备给双方当事人造成不利后果。

（2）工程索赔有利于落实和调整承发包双方的责权利关系

合同当事人签订合同之后，拥有权利的同时也需要承担相应的义务，责权利对等。合同当事人未履行责任，造成对方损失，侵害了对方的权利，就应该承担相应的义务，从而予以合理的补偿。工程索赔是对合同责任履行的具体体现，促使合同当事人责权利关系达到平衡。

（3）工程索赔有利于保障损失者的利益

对于承包人而言，工程索赔提供了一条避免损失、增加利润、维护自身正当权益的合法途径。在建筑市场承揽工程中，尤其是国际承包工程，如果承包人不能有效地组织和运用工程索赔，不精通工程索赔业务，往往会无法弥补各种干扰事件造成的工程损失，从而难以正常组织生产，获取利润，甚至于会亏损。索赔工作是国际承包工程的经营策略之一。对于低价中标行为，承包人可行的对策之一就是通过工程索赔减少和转移风险，避免

亏损，追求利润。

3. 工程索赔成功的条件

工程索赔的根本目的就是如何保护自身利益不受损害，避免亏损出现。工程索赔是维护自身权益的合法途径，工程索赔成功必须符合以下条件。

（1）客观性

工程索赔成立，必须确实存在不符合合同或者合同中没有涉及的干扰事件，并且该事件对合同当事人（可以是发包人，也可以是承包人）的工期或者成本产生了实质性的影响。这些事件和影响必须是事实，有可置信的证据证明。因此工程索赔首先必须是客观的，真实的。

（2）合法性

承包人提出工程索赔，所针对的干扰事件必须是非承包人原因造成的，由此发包人才会依据合同约定给予补偿。在合同中，一般应当约定干扰事件的责任由谁承担，应当承担何种责任，承担责任应负担的赔偿额度等。不同的合同文件，对于工程索赔有不同的约定，而合同是建设工程应当遵循的法律文件，工程索赔必须首先依据合同的约定具体问题具体分析。

（3）合理性

工程索赔本身是补偿损失者受到的损失，必须是合情合理的，真实反映干扰事件造成的实际损失，必须采用合理的计算方法和计算基础。索赔要求与实际损失必须是相符的，干扰事件和实际影响必须是存在因果关系的。承包人不能通过索赔追逐超越实际损失之外的利润。索赔中采用不正当手段或者违反诚信原则，多估多算，造假欺骗，漫天要价都是不合理的，是违法行为。一方面会造成承发包双方失去信任而不利于合同进一步合作履行，另一方面承包人信誉受到损害，从而不利于长远发展，甚至于违反法律受到制裁。

索赔是一把双刃剑。承包人应当正确地、辩证地、系统地看待索赔问题。在建设工程中，索赔是不可避免的。承包人既要重视索赔，也要从合同双方整体利益角度出发，避免干扰事件发生，避免索赔事件出现。对于具体的干扰事件，索赔能否成功，同样是存在风险的，能否及时、足额的补偿损失是很难预料的。因此承包人重视索赔的同时不能把索赔看作取得利润的基本手段，不可以把盈利寄希望于索赔工作，尤其是对于低价中标，期望通过索赔来获取利润的。索赔只能是特定条件下的经营手段，而不能作为企业长期的经营战略。

5.1.2　索赔的类型

工程索赔的分类方式有很多种（如图 5-1 所示），可以从各种不同的角度对工程索赔进行分类。合理的对工程索赔进行分类，有利于对其进行有效管理。

1. 按照索赔的目的和要求进行分类

按照索赔的目的和要求，建设工程施工索赔可以划分为工期索赔和费用索赔两类。通常条件下，承包人提出索赔要求，要明确是工期索赔还是费用索赔。工期索赔的要求是顺延工期，费用索赔的要求是经济补偿。

（1）工期索赔

工期索赔是指由于非承包人原因造成的工程延期，承包人向发包人要求延长工期，推

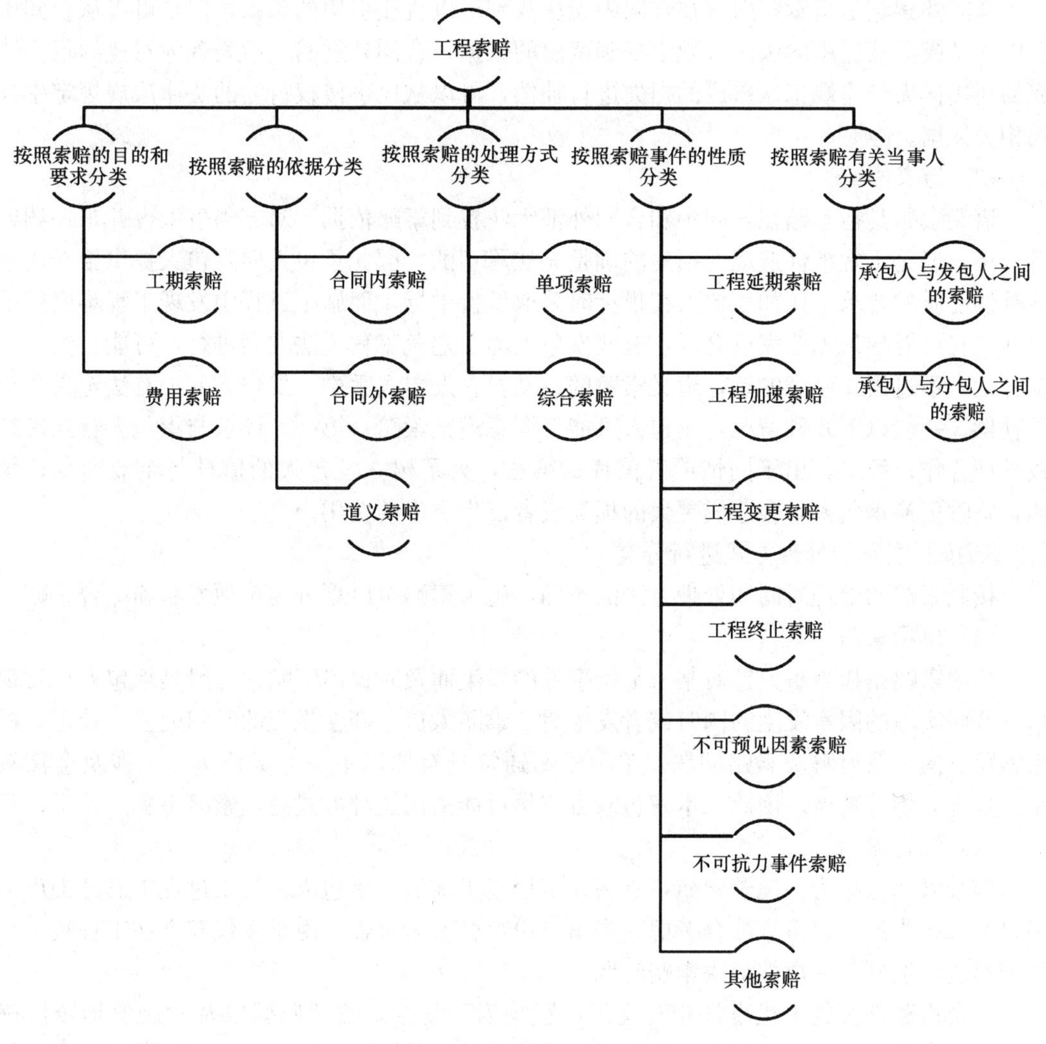

图 5-1 工程索赔的分类

迟竣工，以避免因为工程延期造成违约导致经济损失的行为。

(2) 费用索赔

费用索赔是指对于非承包人原因造成工程成本的增加，使承包人承担了合同约定以外的费用，承包人要求发包人补偿经济损失，调整合同价格的行为。

一般情况下，工程承包合同中都有关于工期索赔和费用索赔的相关条款。

2. 按照索赔的依据进行分类

按照索赔的依据，可以将索赔划分为以下几类。

(1) 合同内索赔

合同内索赔是指索赔可以直接引用合同中的具体条款作为索赔的直接依据的施工索赔。合同内索赔具体来说还可以分为合同明示的索赔和合同默示的索赔。一般情况下，合同内索赔可以方便快捷的处理。

(2) 合同外索赔

合同外索赔是指索赔内容在合同中无法找到可以直接引用的条款，但是可以从合同中引申含义或者从适用的法律法规中找到索赔的依据。合同外索赔一般表现为对违约行为造成的间接损失和违规担保造成的损失进行补偿，可以从民事侵权行为的法律法规规定中找到相关依据。

（3）道义索赔

道义索赔是指索赔在合同中和合同外都无法找到索赔依据，对方当事人也并未违约或者违法，但是干扰事件造成的损失的确是无法承担的，因此承包人向发包人提出给予优惠性补偿性质的要求。比如承包人在投标时采取低价中标，而施工过程中发现工程难度超乎预计，有可能导致无法完成合同，有些发包人为了避免工程无法顺利进行，可能会给予一定补偿。不过需要注意的是，道义索赔的主动权在发包人手中，发包人并没有法定义务给予补偿。一般以下几种情况，发包人可能会同意道义索赔：第一，谋求与承包人相互理解或长期合作；第二，出于同情或者信任；第三，为了树立发包人的信誉与企业形象；第四，临时更换承包人，会造成更大的损失或者产生更多的费用。

3. 按照索赔的处理方式进行分类

按照索赔的处理时间和处理方法的不同，施工索赔可以划分为单项索赔和综合索赔。

（1）单项索赔

单项索赔是指当事人针对某一干扰事件的发生而及时提出索赔。一般是承包人在发现影响合同实施的因素发生的同时或者发生后，索赔人员立即在规定的时间内立即处理，提出索赔意向，及时解决索赔问题。单项索赔通常具有原因单一、责任单一、涉及金额较小、处理方便等特点。因此，承发包双方应尽可能采用这种方式处理索赔事宜。

（2）综合索赔

综合索赔也称为一揽子索赔，是指在工程竣工前后，承包人将施工过程中已经提出的但是尚未解决的索赔事宜综合考虑，提出一份综合索赔报告，由承发包双方在工程竣工交付前后进行谈判，一次性解决索赔问题。

综合索赔涉及的干扰事件相互交织，影响因素复杂，责任归属以及索赔值均难以确定，通常索赔金额往往比较大，因此双方都很难让步并达成一致意见，因此索赔难度比较大。一般以下几种情况会采取综合索赔的方式：第一，在合同实施过程中，由于单项索赔问题无法及时解决，或者问题过于复杂，为了不影响进度，经双方协商一致后留待最后解决；第二，发包人或者工程师对承包人提出的索赔采取拖延战术，迟迟不予解决；第三，承包人无法为索赔提出准确的成本记录资料，只有在工程竣工后通过实际成本和预算成本进行比较才能提出具体索赔金额。

考虑到综合索赔处理的复杂性，承包人提出综合索赔，需要能够向监理工程师证明如下内容：第一，承包人的投标报价是合理的；第二，干扰事件导致的实际产生的额外成本是合理的；第三，承包人对额外成本的增加是无责任的；第四，难以采用其他方法准确计算实际损失，难以区分单一事件的实际影响，只能采用实际成本与预算成本的差额提出索赔。

4. 按照索赔事件的性质进行分类

（1）工程延期索赔

工程延期索赔可以是承包人向发包人提出，也可以是发包人向承包人提出。因为发包人未按合同要求提供施工条件，或者发包人指令工程暂停或不可抗力事件等原因造成工期拖延的，承包人向发包人提出索赔。由于承包人原因导致工期拖延，发包人可以向承包人提出索赔。由于非分包人的原因导致工期拖延，分包人可以向承包人提出索赔。下列情况下，承包人可以向发包人提出延期索赔：发包人不按时提供图纸资料；发包人不按时提供应由发包人提供的设备和材料；建筑法规变化；政府出台新的政策规定；发包人提供的图纸资料有错误或者遗漏无法按时完成；天气原因导致工程拖延等。

（2）工程加速索赔

施工加速往往会造成承包人劳动生产效率降低，成本增加，因此也称为劳动生产率损失索赔。由于发包人或工程师指令承包人加快施工进度，缩短工期，引起承包人的人力、物力、财力的额外开支，承包人提出索赔；承包人指令分包人加快进度，分包人也可以向承包人提出索赔。

（3）工程变更索赔

工程变更索赔是指合同中规定的工作范围发生了改变引起的索赔。由于发包人或工程师指令增加或减少工程量或增加附加工程、修改设计、变更施工顺序、设计错误或者遗漏引起的设计变更等，造成工期延长和费用增加，承包人对此可以向发包人提出索赔，分包人也可以对此向承包人提出索赔。

（4）工程终止索赔

由于发包人违约或发生了不可抗力事件等造成工程非正常终止，承包人和分包人因此产生了人、材、机等额外经济损失的可以提出索赔；如果由于承包人或者分包人的原因导致工程非正常终止，或者合同无法继续履行的，发包人也可以提出索赔。

（5）不可预见因素索赔

不可预见因素索赔是指施工期间在工地现场即使是有经验的承包人通常也无法预见的外界障碍或条件，例如地质条件与预计的（发包人提供的资料）不同，出现未预料到的孤立岩石、地下断层、溶洞、淤泥或地下水等，导致承包人产生经济损失，这类风险通常应该由发包人承担，即承包人可以据此提出索赔。

（6）不可抗力事件引起的索赔

在新版 FIDIC 施工合同条件中，不可抗力通常是指一方无法控制的、在签订合同前不能对之进行合理防备的、发生后不能合理避免或克服的、不主要归因于他方的情况，例如突发暴雨、地震等。不可抗力事件发生导致承包人损失，通常应由发包人承担，即承包人可据此提出索赔。

（7）其他索赔

如货币贬值、汇率变化、物价上涨、工资变动、政策法令变化等原因引起的索赔。

5. 按照索赔有关当事人进行分类

在建筑实践中，承包人与发包人之间、承包人与分包人之间、承包人或发包人与供货商之间、承包人或发包人与保险人之间都会产生索赔。

通常施工索赔是指承包人与发包人之间的索赔和承包人与分包人之间的索赔。承包人与发包人之间的索赔包括承包人向发包人提出的索赔、发包人向承包人提出的索赔等；承包人与分包人之间的索赔包括分包人向承包人提出的索赔、承包人向分包人提出的索赔等。除了上述两类索赔行为，其他的涉及工程项目实施过程中的物资采购、运输、保管、工程保险等索赔行为，一般称为商务索赔。索赔事件有关当事人之间的关系如图 5-2 所示。

5.1.3　承包人与发包人之间的索赔

施工索赔是双向的，因此承包人与发包人之间的索赔既可以是承包人向发包人提出的索赔，也可以是发包人向承包人提出的索赔。通常意义上说的索赔大都是指承包人对发包人的索赔。

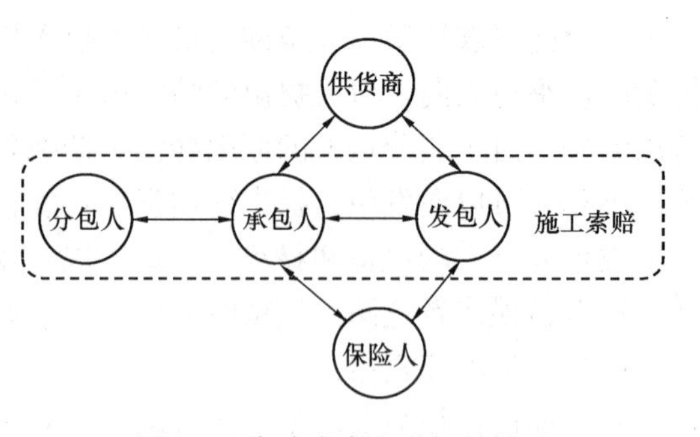

图 5-2　索赔当事人之间的关系

1. 承包人向发包人提出的索赔

在建筑实践中，承包人对发包人的索赔是最为常见的，具体类型如下。

(1) 合同文件原因引起的索赔

合同文件原因引起的索赔主要包括以下几种情况：

1) 因工程合同文件的组成问题引起的索赔；

2) 因工程合同文件本身及其特定条款是否有效引起的索赔；

3) 因图纸或工程量清单中的错误引起的索赔。

在实践中，经常存在上述情况引起的索赔案例。

某路桥工程，承发包双方签订了工程施工合同，合同中约定“发包方负责协调周边村民关系，保证施工顺利进行，若因村民阻挠施工造成的损失由发包人承担。”在路基施工中因承包方使用强夯施工，影响到附近村民正常生活，发生村民阻挠施工、要求赔偿事件，造成停工 3 天，补偿村民费用 2.5 万元。承包方向发包方提出了工期和费用的索赔。因合同中未明确发生村民阻挠施工应由造成事件的责任方承担，因此，经承发包双方多次谈判，发包方最终承担了该事件的 2.5 万元损失，并顺延了工期。

(2) 关于工程项目施工引起的索赔

由于工程项目施工引起的工程索赔主要包括以下几种情况：

1) 施工场地范围内地质条件发生变化引起的索赔；

2) 工程施工过程中由于人为障碍引起的索赔；

3) 工程量发生变化引起的索赔；

4) 各种计划外的试验和检查产生的额外费用；

5) 发包人改变工程质量引起的索赔；

6) 指定分包商违约行为或工期延误造成的索赔；

7) 其他有关施工的索赔。

比如下述案例：

某办公大楼，主体工程、幕墙工程和室内精装修工程分别由三个公司独立承包施工，按照合同约定的进度要求幕墙未能按期完成幕墙玻璃安装，致使室内装修工作无法进展，装修承包商的相应工作因此延误。在这种情况下，室内装修承包商就可以向业主提出索赔。

(3) 与工程价款有关的索赔

1) 人、材、机价格变化引起的索赔；

2) 通货膨胀和汇率变化引起的索赔；

3）拖延支付预付款或者工程款的索赔。

（4）与工期延误有关的索赔

1）由于工期延误引起的工期索赔；

2）由于工期延误引起的费用索赔；

3）由于工程加速引起的赶工费用的索赔。

（5）不可抗力或者特殊风险引起的索赔

1）特殊风险引起的索赔，比如战争、敌对行动、核污染及冲击波破坏、叛乱、革命、暴动、政变、内战等；

2）不可抗力引起的索赔，主要是指自然灾害，在许多合同中承包人以发包人和承包人共同的名义投保工程一切险，由这类灾害造成的损失应向承保的保险公司索赔。

比如下述案例：

某大型港口工程在施工过程中，承包人在某一部位遇到了比合同标明的更多、更加坚硬的岩石，开挖工作变得更加困难，工期拖延了4个月。这种情况就是承包人遇到了与原合同规定不同的、无法预料的不利自然条件，工程师应给予证明，发包人应当给予工期延长及相应的额外费用补偿。

（6）工程暂停或者工程终止引起的索赔

1）工程施工过程中，工程师有权下令暂停全部或任何部分工程，如果暂停命令并非承包人违约或其他意外风险造成的，承包人可以要求延长工期并寻求补偿因为停工造成的经济损失；

2）工程终止可能是发包人违约或者不可抗力事件导致，承包人或者分包人因为蒙受了经济损失可以提出索赔，如发包人认为承包人不能履约而主动终止合同。相应的，如果工程终止是由于承包人或者分包人原因造成的，发包人同样可以提出索赔。

（7）财务费用补偿的索赔

财务费用的损失要求补偿，是指因各种原因使承包人财务开支增大而导致的贷款利息等财务费用。

2. 发包人向承包人提出的索赔

在工程实践中，如果承包人未按照合同约定组织施工，工程师可以向承包人提出批评或者警告，如果承包人不及时改正，并由于承包人原因造成了发包人的经济损失，工程师可以代表发包人依据合同约定向承包人提出索赔。如果分包人原因造成了承包人的经济损失，承包人也可以向分包人提出索赔。

承包人未按照合同约定实施工程，损害了发包人的利益时，发包人可以向承包人索赔费用或者利润。常见情况如下：

（1）工程进度缓慢，要求承包人加速施工，可索赔工程师的加班费；

（2）按照合同约定应完工，而工程仍未完工，可索赔工程延期引致的损害赔偿费；

（3）施工质量达不到合同约定的要求，承包人如不按照工程师的指示拆除不合格工程和材料，不进行返工或不按照工程师的指示在缺陷责任期内修复缺陷，发包人另外委托其他公司完成工作的，可向承包人索赔成本及利润；

（4）施工质量达不到合同约定的要求，发包人拒绝接收工程，承包人修复后合格的，发包人可索赔重新检验的费用；

（5）承包人未按合同约定办理保险，发包人可自行前去办理并扣除或索赔相应的保险费用；

（6）由于合同变更或其他原因造成工程施工的性质、范围或进度计划等方面发生变化，承包人未按合同约定去及时办理保险或者保险变更，由此造成的损失发包人可向承包人索赔；

（7）承包人未按合同约定采取合理措施，造成运输道路、桥梁等的破坏；

（8）承包人未按合同条件约定，无故不向分包人付款；

（9）严重违背合同（如工程进度严重拖延，质量不合格率过高等），工程师一再警告而没有明显改进时，发包人可没收履约保证金。

1999 年出版的 FIDIC 合同条件《施工合同条件》（“新红皮书”）规定，当承包人的工程质量不能满足要求，即某项缺陷或损害使工程、区段或某项主要生产设备不能按原定目的使用时，发包人有权延长工程或某一区段的缺陷通知期。

5.2 建设工程施工索赔成立的条件、证据与程序

5.2.1 建设工程施工索赔成立的条件

索赔事件，也可称为干扰事件，指造成工程实际与合同约定不相符的，最终引起工程延期或者费用发生变化的各类事件。在工程实施过程中，需要加强事中控制，不断的跟踪工程进度，监督索赔事件，发现索赔机会，提出索赔意向。当然索赔意向及索赔文件提交，不等同于索赔事件成立。构成施工项目索赔条件的事件及索赔成立的前提条件如表 5-1 所示。

索赔事件及索赔成立的前提条件 **表 5-1**

承包人提出的索赔事件	索赔成立的前提条件[4]
（1）发包人违反合同造成工期、费用损失 （2）因工程变更（设计变更、发包人提出的工程变更、工程师提出的工程变更，以及承包人提出并经工程师批准的变更）造成的工期、费用损失 （3）由于工程师对合同文件的歧义解释、技术资料不确切，或由于不可抗力导致施工条件的改变，造成了工期、费用的增加 （4）发包人提出提前完成项目或缩短工期而造成承包人的费用增加 （5）发包人延误支付造成承包人的损失 （6）对合同规定以外的项目进行检验，且检验合格，或非承包人的原因导致项目缺陷的修复所发生的损失或费用 （7）非承包人的原因导致工程暂时停工 （8）物价上涨，法规变化及其他	（1）与合同对照，事件已造成了承包人工程项目成本的额外支出，或直接工期损失 （2）造成费用增加或工期损失的原因，按合同约定不属于承包人的行为责任或风险责任 （3）承包人按合同规定的程序和时间提交索赔意向通知和索赔报告

5.2.2 建设工程施工索赔的依据与证据

索赔的依据是指工程施工索赔所适用的法律法规、工程建设惯例以及工程合同文件等。由于不同的建设工程具有不同的合同文件，适用不同的法律法规及工程建设惯例，因此索赔的依据具有较大差异，同时当事人索赔的权利也有所不同。另外，仅仅拥有索赔的

[4] 注：此三个条件必须同时具备，缺一不可。

依据，并不能确保索赔成立，还需要充分的证据证明索赔事件与实际影响具有因果关系，因此证据是索赔文件不可或缺的组成部分。

1. 索赔依据

索赔依据主要体现在三个方面，分别为合同文件、订立合同所依据的法律法规和工程建设惯例。

(1) 合同文件

合同文件是施工索赔最主要的依据，主要包括：合同协议书，中标通知书，投标书及其附件，合同专用条款，合同通用条款，标准、规范及有关技术文件，图纸，工程量清单，工程报价单或预算书。

合同履行中，发包人与承包人有关工程的洽商、变更等书面协议或文件应视为合同文件的组成部分。

(2) 订立合同所依据的法律法规

建设工程合同文件适用国家的法律和行政法规。需要明示的法律、行政法规，由承发包双方在专用条款中约定。承发包双方在专用条款中应当约定工程项目适用的国家标准、规范的名称。

(3) 工程建设惯例

工程建设惯例是指在长期的工程建设过程中某些约定俗成的做法。这种惯例有的已经形成了法律，有的虽没有法律依据，但大家均对其表示认可。一般情况下，未形成法律、法规或者标准规范的工程建设惯例，不宜作为索赔依据。

2. 索赔证据

索赔证据是当事人用来支持其索赔成立或和索赔有关的证明文件和资料。索赔证据作为索赔文件的组成部分，在很大程度上关系到施工索赔能否成功。一般情况下，证据不全、不足或没有证据的施工索赔是很难获得工程师认可的。

在工程项目实施过程中，会产生大量的工程信息和第一手资料，这些信息和资料是开展施工索赔的重要证据。因此，在施工过程中承包人应该自始至终做好资料原始积累、归类整理工作，建立完善的资料记录和科学管理制度，系统的管理合同、质量、进度以及财务收支等方面的资料。

3. 常见的施工索赔证据文件

施工索赔证据文件主要包括以下几类：

(1) 各种合同文件。主要包括施工合同协议书及其附件、中标通知书、投标文件、标准和技术规范、图纸、工程量清单、工程报价单或者预算书、有关技术资料和要求、施工过程中的补充协议等。

(2) 工程各种往来函件、通知、答复等。对与工程师、发包人、政府部门、银行、保险公司、供货商等来往信函、通知和答复必须认真保存，统一整理归类，并注明发送和接收时间、经手人等。这些文件内容一般反映工程进展情况，以及出现的各种需要解决或者需要双方解决的问题和与工程有关的当事人等。此类文件的签发日期对计算工程延误时间具有很大参考价值。

(3) 各种会议纪要或者会谈。承包人、发包人和工程师举行会议或者会谈时要做好会议或者会谈记录，整理主要问题形成会议或者会谈纪要，由出席会议或者会谈人员签字确认。

（4）经过发包人或者工程师批准的承包人制定并实施的施工进度计划、施工方案、施工组织设计和现场实施情况记录。

（5）气象资料和气象报告。在分析施工进度安排和施工条件时，天气是必须考虑的重要因素之一，比如温度、湿度、风力、风向、降水、冰雹、霜冻等情况。保持一份完整、准确、真实、详细的天气情况记录，可以为不可抗力引发的索赔提供证据。

（6）施工现场记录、施工日志或者备忘录等。施工现场记录包括有关设计交底、设计变更、施工变更指令，工程材料和机械设备的采购、验收与使用等方面的凭证及材料供应清单、合格证书，工程现场水、电、道路等开通、封闭的记录，停水、停电等各种干扰事件的时间和影响记录等。应当在施工现场由专人负责记录施工现场发生的各种情况，尤其是工程师在现场的指示、现场的实验、特殊干扰事件、不利现场条件、参观现场人员、工程师或者发包人的电话指示等事后无法有效确认的事件，一般应在现场请相关人员签字给予书面确认事件的发生和持续期间的重要情况。施工中发生影响工期或工程资金的所有重大事情，均应写入备忘录存档，备忘录应按年、月、日顺序编写，以便查阅。

（7）工程中的有关照片和工程声像资料。如果施工现场没有发包人或者工程师出席，承包人可以保留施工现场的有关照片和声像资料，这些资料反映了工程现场客观真实的情况，也可以作为有效的法律证据，因此应当及时拍摄并妥善处理保存。

（8）工程中经发包人或者工程师签字确认的签证文件、书面指令或者确认书，以及承包人发出的要求、请求、通知书。比如承包人要求的预付款通知书、索赔意向通知书、工程量确认单、索赔处理结果等。

（9）工程中各种检查验收报告和技术鉴定报告。如质量验收单、隐蔽工程验收单、验收记录、竣工验收资料、竣工图等。

（10）工地交接记录、图纸和各种资料交接记录等。此类资料需要注明交接日期，交接人，工地现场平整情况，水、电、路的情况，图纸修改情况等。尤其是图纸修改情况是设计变更类索赔的直接有力证据。

（11）建筑材料和设备的采购、订货、运输、进场、使用方面的记录、凭证和报表等。

（12）市场行情资料，包括工程造价管理部门公布的人、材、机的市场价格，物价指数，工资指数，中国人民银行公布的汇率等信息。

（13）投标前发包人提供的招标文件，参考资料，现场资料，现场踏勘记录，答疑备忘录，招标文件的修改、澄清文件等。

（14）工程会计资料。应建立一套科学、完整的会计制度，加强财务管理，及时提供有价值的成本资料。没有完整的工程会计资料，就无法有效地提出索赔。需要收集、保存的工程会计资料包括记工卡、工资表、工人福利协议、经会计师核证的薪水报告单、购料定单、收讫发票、收款票据、设备使用单、总分类账、财务信件、经会计师核证的财务决算表、工程预算、工程成本报告书等。以便及时发现索赔的机会，准确地计算索赔的款额，争取合理的资金回收。

（15）国家的法律、法令、政策文件。主要包括有关影响工程造价、工期的文件、规定等。

（16）其他文件。如分包合同。

4. 索赔证据的基本要求

索赔证据的基本要求主要体现在以下几个方面。

(1) 真实性

索赔证据必须是在建设工程合同实施过程中确实存在和实际发生的，是施工过程中所发生事件的真实记录，能够经得起推理和验证。

(2) 及时性

一方面，索赔证据的取得应当及时；另一方面，索赔证据的提出应当及时。索赔证据的及时性反映了承包人索赔管理的态度和能力。

(3) 全面性

承包人提出的索赔证据应当能够说明索赔事件的全部内容，包括索赔的理由、索赔事件的发生过程、索赔事件的具体影响、索赔值等。所有内容均应有可置信的证据，经得起推敲，不能够支离破碎或者缺乏逻辑。

(4) 关联性

索赔证据与索赔事件必须有必然的联系，能够相互说明，符合逻辑，相互印证，不能出现前后矛盾的情况。

(5) 有效性

索赔证据必须具有法定效力，一般来说索赔证据应当是书面文件，有关记录、协议、纪要、备忘录等必须是双方签字确认的，工程中的签订文件、重大事件和特殊情况的记录、统计信息应当是工程师签字确认的。

5.2.3 建设工程施工索赔的程序及处理

施工索赔程序是指从索赔事件发生直到索赔事件最终处理完毕的全过程所包括的工作内容和工作步骤。

具体工程的施工索赔程序，一般均会在承发包双方签订的工程承包合同中规定。《建设工程施工合同（示范文本）》(GF-2017-0201) 通用条款第 19 条明确规定了索赔的程序，其中第 19.1 条规定了承包人的索赔程序，第 19.3 条规定了发包人的索赔程序。

1. 承包人的索赔程序及其处理

承包人的索赔程序主要包括以下几个步骤。

(1) 递交索赔意向通知书

依据《建设工程施工合同（示范文本）》(GF-2017-0201) 通用条款第 19.1 条的规定：承包人应在知道或应当知道索赔事件发生后 28 天内，向工程师[5]递交索赔意向通知书，并说明发生索赔事件的事由；承包人未在前述 28 天内发出索赔意向通知书的，丧失要求追加付款和（或）延长工期的权利。

因此工程实施过程中，一旦发生了索赔事件或者承包人发现了潜在的索赔机会，一定要在合同规定的时间内将自己的索赔意向以书面形式通知工程师和发包人，并就某一个或者若干索赔事件表达索赔的愿望或者声明保留索赔的权利。索赔意向是索赔工作的第一步，如果未在承包人知道或者应当知道索赔事件发生后 28 天内发出索赔意向，承包人就自动丧失了工期索赔或者费用索赔的权利。

---

[5] 注：本章为表述方便，不区分监理人和工程师。

一般来说，索赔意向通知书应当包括下述内容：

1）索赔事件发生的时间和地点及其简单情况描述；

2）索赔的依据和理由（如合同条款、法律法规、政策文件等）；

3）索赔事件的发展动态及后续安排；

4）索赔时间对工期和费用产生的不利影响。

（2）索赔资料准备

自提出索赔意向通知书至提交正式索赔文件，都属于承包人索赔资料的准备阶段。此阶段的主要工作包括以下几点：

1）跟踪和调查干扰事件，掌握索赔事件产生的详细经过。

2）分析干扰事件产生的原因，划清各方责任，确定由谁来承担责任，并分析干扰事件是否符合合同中规定的索赔事件，是否符合合同中规定的索赔补偿范围，进一步确定索赔依据。

3）损失或损害调查分析与计算，确定工期索赔和费用索赔值。通过对比实际进度和计划进度计算工期索赔值；通过对比实际成本与计划成本，分析经济损失的范围和大小，计算费用索赔值。

4）搜集证据，获得充分而有效的各种证据。调查干扰事件产生、持续直至结束的全过程，搜集并整理完整的证据信息。这是索赔能否成功的关键工作，索赔的成功很大程度上取决于承包人提供的索赔证据是否能够有力的解释干扰事件的影响以及能否提供可置信的索赔证据。

5）起草索赔文件，严格按照索赔文件的格式和要求，将上述内容详细地反映在索赔文件中。

（3）递交正式索赔文件

承包人应在发出索赔意向通知书后28天内，向工程师正式递交索赔报告，否则将会失去就该索赔事件请求补偿的权利。如果干扰事件对工程影响持续时间比较长，承包人应按照工程师要求的时间间隔（一般是28天），提交中间索赔报告（延续索赔通知），说明持续影响的实际情况和记录，列出累计的追加付款金额和（或）工期延长天数，并在干扰事件最终结束后28天内提交一份最终的索赔报告。

索赔文件一般包括以下几个方面：

1）总述部分。该部分简要概述索赔事件发生的时间、地点和过程，承包人就该索赔事件付出的努力和费用开支。

2）论证部分。本部分是索赔报告的关键内容，其目的是表明承包人有索赔的权力，是为了解决索赔权是否成立的问题。

3）索赔值计算部分。此部分是为了确定索赔的工期和费用的具体数值。该部分是采用定量的方法。

4）证据部分。此部分要列举和索赔事件相关的证据。对于重要证据最好以文字说明加以强调。每一个引用的证据都要注意其效力和可信程度。

（4）工程师[6]审核索赔文件

---

[6] 注：此处的工程师是指监理人所委派的监理工程师，本节中所涉及的工程师均为此含义。

对于承包人提交的索赔文件，应当首先交由工程师进行审核。工程师应在收到索赔报告后 14 天内完成审查并报送发包人。工程师根据发包人的委托或授权，对承包人索赔的审核工作主要分为判定索赔事件是否成立和核查承包人的索赔计算是否正确、合理两个方面，并可在授权范围内作出判断，初步确定补偿额度，或者要求补充证据，或要求修改索赔报告等。

工程师对索赔报告存在异议的，有权要求承包人提交全部原始记录副本。承包人收到工程师的异议结论之后，应当在工程师要求的时间间隔内补充证据、修改报告。

工程师对承包人索赔文件的初步处理意见要提交发包人。一般来说，工程师提出的初步处理意见应当是在对索赔报告进行全面审查的基础上，与发包人和承包人交流意见之后做出的。

（5）发包人审查

工程师的初步处理意见需要得到发包人的批准才能具有法定效力。发包人审查并批准后，工程师方可签发有关证书。发包人应在工程师收到索赔报告或有关索赔的进一步证明材料后的 28 天内，由工程师向承包人出具经发包人签认的索赔处理结果。发包人逾期答复的，则视为认可承包人的索赔要求。

如果索赔额度超过了工程师权限范围时，应由工程师将审查的索赔报告报请发包人直接审批，并与承包人谈判解决，工程师应当参加发包人和承包人的谈判工作，也可以作为承发包双方的调解人。

（6）协商谈判

对于工程师的初步处理意见，发包人和承包人可能都不接受或者其中的一方不接受，三方可就索赔的解决进行协商，达成一致。一般来说，数额较大的索赔，由发包人、承包人和工程师反复协商后才能得出最终的索赔处理决定。如果经过努力无法就索赔事宜达成一致意见，则发包人和承包人可根据合同约定选择采用仲裁或者诉讼方式解决。

（7）承包人的决定

承包人接受索赔处理结果的，工程师签发有关证书，索赔款项在当期进度款中进行支付，索赔事项到此结束；承包人不接受索赔处理结果的，按照第 20 条〔争议解决〕约定处理。

（8）索赔争议解决

承包人不接受索赔处理结果，按照第 20 条的约定，可以采取和解、调解、争议评审、仲裁或者诉讼的方式加以解决。

一般来说，承发包双方会在工程承包合同中约定争议解决方式。和其他的合同争议处理方式一样，索赔争议最终的解决途径是仲裁和诉讼。当一切协商手段都无法解决索赔争议时，仲裁和诉讼是行之有效的最终解决途径。

承包人的索赔程序及其处理如图 5-3 所示。

2. 发包人的索赔程序及其处理

依据《建设工程施工合同（示范文本）》（GF-2017-0201）通用条款第 19 条的规定，发包人认为有权得到赔付金额和（或）延长缺陷责任期的，可以在规定的时限内向承包人提出索赔。

发包人的索赔程序主要包括以下几个步骤。

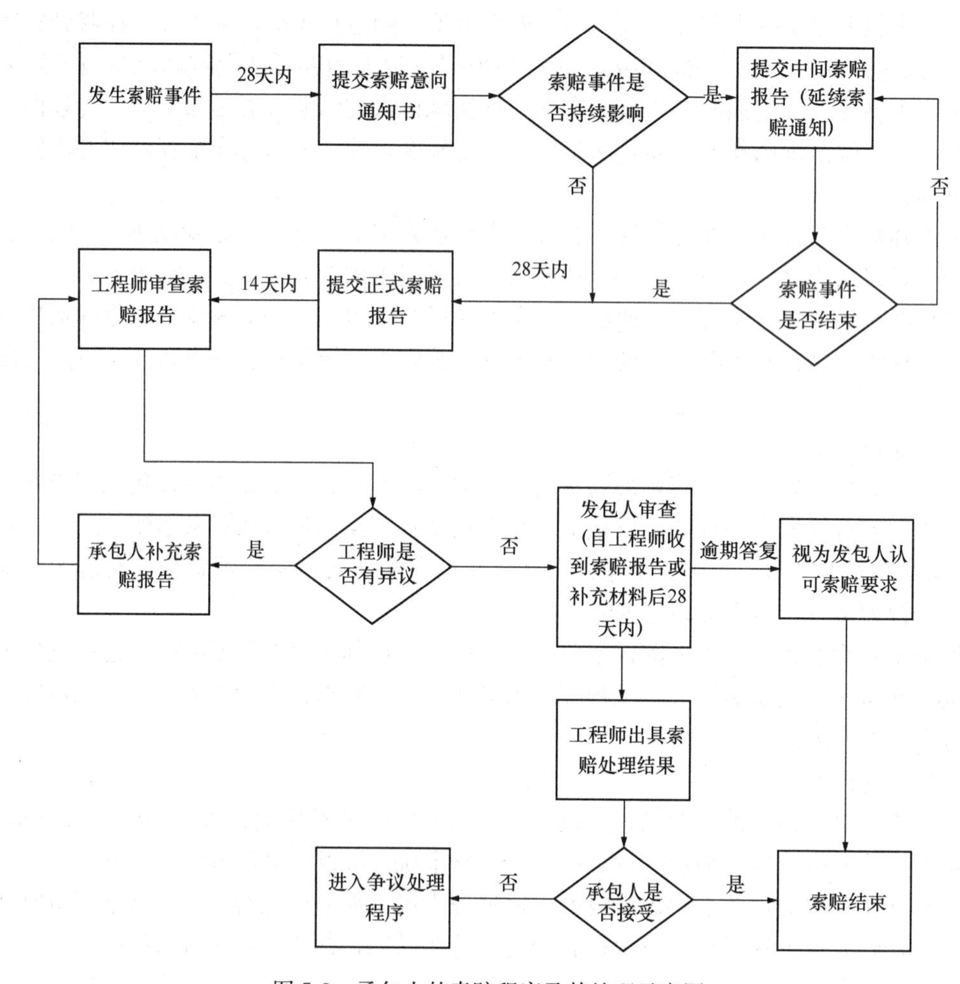

图 5-3　承包人的索赔程序及其处理示意图

（1）提出索赔意向通知书

发包人应在知道或应当知道索赔事件发生后 28 天内通过工程师向承包人提出索赔意向通知书，发包人未在前述 28 天内发出索赔意向通知书的，丧失要求赔付金额和（或）延长缺陷责任期的权利。

（2）索赔资料准备

自提出索赔意向通知书至提交正式索赔文件，都属于发包人索赔资料的准备阶段。

（3）递交正式索赔报告

发包人应在发出索赔意向通知书后 28 天内，通过工程师向承包人正式递交索赔报告。

（4）承包人审查索赔报告

承包人收到发包人提交的索赔报告后，应及时审查索赔报告的内容、查验发包人的证明材料。承包人应在收到索赔报告或有关索赔的进一步证明材料后 28 天内，将索赔处理结果答复发包人。如果承包人未在上述期限内作出答复的，则视为对发包人索赔要求的认可。

（5）协商谈判

对于初步索赔处理意见，发包人和承包人可能都不接受或者其中的一方不接受，三方可就索赔的解决进行协商，达成一致。如果经过努力无法就索赔事宜达成一致意见，则发包人和承包人可根据合同约定选择采用仲裁或者诉讼方式解决。

(6) 发包人的决定

承包人接受索赔处理结果的，发包人可从应支付给承包人的合同价款中扣除赔付的金额或延长缺陷责任期，索赔事项处理结束。

(7) 索赔争议处理

发包人不接受索赔处理结果的，按第 20 条〔争议解决〕约定处理，可以采取和解、调解、争议评审、仲裁或者诉讼的方式加以解决。

发包人的索赔程序及其处理如图 5-4 所示。

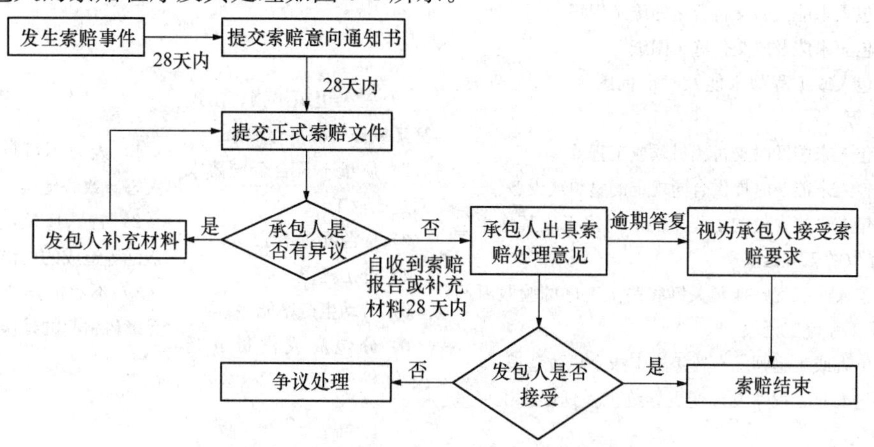

图 5-4 发包人的索赔程序及其处理示意图

5.3 工期索赔与费用索赔

工程索赔是承发包双方，尤其是承包人维护其经济利益的必不可少的项目管理行为。施工索赔包括费用索赔和工期索赔两种情况。

5.3.1 工期索赔

1. 工期延误

工期延误，也可称为工程延误，是指工程项目实施过程中任何一项或多项施工任务的实际完成日期迟于计划规定的完成日期，从而可能导致整个合同工期的延长。

一般来说，工期延误造成的经济损失会影响到承发包双方的利益。从形式上来看，工期延误的后果是时间损失；从本质上来看，工期延误的后果是造成经济损失。

2. 工期延误的分类

(1) 按照工期延误的原因分类

按照工期延误的原因划分如表 5-2 所示。

(2) 按照索赔要求和结果分类

按照承包人可能的索赔要求和结果进行划分，工程延误可以分为可索赔延误和不可索赔延误。

1) 可索赔延误是指非承包人原因引起的工程延误，包括发包人或工程师的原因和双方不可控制的因素引起的索赔。根据补偿的内容不同，可以进一步划分为三种情况：①只可索赔工期的延误；②只可索赔费用的延误；③可索赔工期和费用的延误。

2）不可索赔延误是指因承包人原因引起的延误，承包人不应向发包人提出索赔，而且应该采取措施赶工，否则应向发包人支付误期损害赔偿。

（3）按照延误工作在网络计划中是否在关键线路上分类

按照延误工作所在的工程网络计划的线路性质，工程延误可划分为关键线路延误和非关键线路延误。

按照工程延误原因分类　　表 5-2

发包人和工程师原因	承包人原因	不可控因素
1）发包人未能及时交付合格的施工现场 2）发包人未能及时交付施工图纸 3）发包人或工程师未能及时审批图纸、施工方案、施工计划等 4）发包人未能及时支付预付款或工程款 5）发包人未能及时提供合同规定的材料或设备 6）发包人自行发包的工程未能及时完工或其他承包人违约导致的工程延误 7）发包人或工程师拖延关键线路上工序的验收时间导致下道工序施工延误 8）发包人或工程师发布暂停施工指令导致延误 9）发包人或工程师设计变更导致工程延误或工程量增加 10）发包人或工程师提供的数据错误导致的延误	1）施工组织不当，出现窝工或停工待料等现象 2）质量不符合合同要求而造成返工 3）资源配置不足 4）开工延误 5）劳动生产率低 6）分包商或供货商延误等	1）人力不可抗拒的自然灾害导致的延误 2）特殊风险，如战争或叛乱等造成的延误 3）不利的施工条件或外界障碍引起的延误等

由于关键线路上任何工作（或工序）的延误都会造成总工期的推迟，因此，非承包人原因造成的关键线路延误都是可索赔延误。而非关键线路上的工作一般都存在自由时差和总时差，其延误是否会影响到总工期的推迟取决于其总时差的大小和延误时间的长短。如果延误时间少于该工作的总时差，业主一般不会给予工期顺延，但可能给予费用补偿；如果延误时间大于该工作的总时差，非关键线路的工作就会转化为关键工作，从而成为可索赔延误。

（4）按照延误事件之间的关联性分类

按照延误事件之间的关联性可以划分为单一延误、共同延误和交叉延误三类。

1）单一延误是指在某一延误事件从发生到终止的时间间隔内，没有其他延误事件的发生，该延误事件引起的延误称为单一延误。延误事件如果是发包人原因或者不可抗力原因导致的，一般可以获得工期顺延；延误事件如果是承包人应当承担的风险，工期不予顺延。

2）当两个或两个以上的延误事件从发生到终止的时间完全相同时，这些事件引起的延误称为共同延误。当业主引起的延误或双方不可控制因素引起的延误与承包人引起的延误共同发生时，即可索赔延误与不可索赔延误同时发生时，可索赔延误就将变成不可索赔延误，这是工程索赔的惯例之一。

3）当两个或两个以上的延误事件从发生到终止只有部分时间重合时，称为交叉延误。由于工程项目是一个较为复杂的系统工程，影响因素众多，常常会出现多种原因引起的延误交织在一起的情况，这种交叉延误的补偿分析更加复杂。

在初始延误是由承包人原因造成的情况下，随之产生的任何非承包人原因的延误都不会对最初的延误性质产生任何影响，直到承包人的延误缘由和影响已不复存在；如果在承包人的初始延误已解除后，业主原因的延误或双方不可控制因素造成的延误依然在起作用，那么承包人可以对超出部分的时间进行索赔。如果初始延误是由于业主或工程师原因引起的，那么其后由承包人造成的延误将不会使业主摆脱（尽管有时或许可以减轻）其责任，此时承包人将有权获得从业主的延误开始到延误结束期间的工期延长及相应的合理费用补偿。如果初始延误是由双方不可控制因素引起的，那么在该延误时间内，承包人只可索赔工期，而不能索赔费用。

3. 工期索赔的依据和条件

工期索赔，一般是指承包人依据合同对由于非自身的原因而导致的工期延误向发包人提出的工期顺延要求。

（1）工期索赔的具体依据

承包人向发包人提出工期索赔的具体依据主要包括以下几类：

1）合同约定或双方认可的施工总进度规划；

2）合同双方认可的详细进度计划；

3）合同双方认可的对工期的修改文件；

4）施工日志、气象资料；

5）发包人或工程师的变更指令；

6）影响工期的干扰事件；

7）受干扰后的实际工程进度等。

（2）《建设工程施工合同（示范文本）》（GF-2017-0201）通用条款确定的工期索赔的条件

一般来说，工期索赔的成立要满足以下两个条件：其一是发生了非承包商原因的索赔事件；其二是索赔事件造成了工程总工期的延误。

《建设工程施工合同（示范文本）》（GF-2017-0201）第7.5.1项规定，在合同履行过程中，因下列情况导致工期延误和（或）费用增加的，由发包人承担由此延误的工期和（或）增加的费用，且发包人应支付承包人合理的利润：

1）发包人未能按合同约定提供图纸或所提供图纸不符合合同约定的；

2）发包人未能按合同约定提供施工现场、施工条件、基础资料、许可、批准等开工条件的；

3）发包人提供的测量基准点、基准线和水准点及其书面资料存在错误或疏漏的；

4）发包人未能在计划开工日期之日起7天内同意下达开工通知的；

5）发包人未能按合同约定日期支付工程预付款、进度款或竣工结算款的；

6）监理人未按合同约定发出指示、批准等文件的；

7）专用合同条款中约定的其他情形。

因发包人原因未按计划开工日期开工的，发包人应按实际开工日期顺延竣工日期，确保实际工期不低于合同约定的工期总日历天数。

比如下述案例：

某高层住宅项目，开工前发包人依照合同约定需提供地下管网坐标资料。但是开工后承包人发现地下管网资料不准确，承包人不得不重新测算准确信息，花费了10天时间，在此期间，工程施工处于停顿状态，于是承包人向发包人提出10天的工期索赔。

《建设工程施工合同（示范文本）》（GF-2017-0201）第7.6项规定，承包人遇到不利物质条件时，应采取克服不利物质条件的合理措施继续施工，并及时通知发包人和监理人。承包人因采取合理措施而增加的费用和（或）延误的工期由发包人承担。

《建设工程施工合同（示范文本）》（GF-2017-0201）第7.7项规定，承包人应采取克服异常恶劣的气候条件的合理措施继续施工，并及时通知发包人和监理人。承包人因采取合理措施而增加的费用和（或）延误的工期由发包人承担。

《建设工程施工合同（示范文本）》（GF-2017-0201）第7.8项规定，因发包人原因引起的暂停施工，发包人应承担由此增加的费用和（或）延误的工期，并支付承包人合理的利润。

4. 工期索赔的分析和索赔值的计算

工期索赔的分析包括延误原因分析、延误责任的界定、网络计划（Critical Path Method，CPM）分析、工期索赔的计算等。

运用网络计划（CPM）方法分析延误事件是否发生在关键线路上，以决定延误是否可以索赔。在工期索赔中，一般只考虑对关键线路上的延误或者非关键线路因延误而变为关键线路的给予顺延工期。

工期索赔值的计算可以采取如下几类方法。

（1）直接法

如果干扰事件直接影响关键线路上的工作，造成总工期延误，则可以将该干扰事件的实际延误时间作为工期索赔值。

（2）比例分析法

如果某干扰事件仅仅影响工程项目的某单项工程、单位工程或分部分项工程的工期，要分析其对总工期的影响，可以采用比例分析法。

如果已知额外增加的工程量，则可以按照工程量的比例进行计算。计算公式为：

$$工期索赔值=原合同约定工期\times增加的工程量/原合同约定工程量 \tag{5-1}$$

【例5-1】已知某工程土方工程施工过程中，由于施工方案变更，导致挖土方工程量由3000m^{3}变更为3600m^3，原定工期5天，合同约定工程量变更不超过10%的，不予延长工期，承包商据此提出的工期索赔值是多少？

【参考答案】

在本例中，净增工程量为3600－3000＝600m^3

可知，工程量净增比例为600÷3000＝0.2＝20%＞10%

因此可以索赔工期，工期索赔值＝5×(3600－3000×110%)÷3000＝0.5天

如果已知额外增加工程量的造价费用，则可以按照工程造价的比例进行计算。计算公式为：

$$工期索赔值=原合同工期\times附加或新增工程造价/原合同总价 \tag{5-2}$$

【例5-2】如上例中，若合同约定工程量的造价为3万元，新增工程量造价为3.9万元，则承包商应提出的工期索赔值是多少？

【参考答案】

在本例中，净增工程量的造价为3.9－3＝0.9万元

可知，工程造价净增比例为0.9÷3＝0.3＞10%

因此可以索赔工期，工期索赔值＝5×0.6÷3＝1天

比例分析法使用比较简单，但是计算比较粗略，一般可以在无法精确估算工期的时候使用。

（3）网络分析法

在实际工程中，影响工期的干扰事件可能会很多，每个干扰事件的影响程度可能都不一样，有的在关键线路上，有的不在关键线路上，多个干扰事件的共同影响条件下每个干扰事件对工期产生多大影响往往难以准确判断。此时，采用网络分析方法是比较科学合理的方法。

基本思路：假设工程按照承发包双方认可的工程网络计划确定的施工顺序和持续时间施工，当某个或某几个干扰事件发生后，网络中的某个特定工作或某些工作受到影响，使其持续时间延长或开始时间延迟，从而影响总工期，则将这些工作受干扰后的新的持续时间和开始时间等代入网络中，重新进行网络分析和计算，得到的新工期与原工期之间的差值就是干扰事件对总工期的影响，这个差值即承包人可以提出的工期索赔值。

网络分析方法通过分析干扰事件发生前和发生后网络计划的计算工期之差来计算工期索赔值，其可以用于各种干扰事件和多种干扰事件共同作用所引起的工期索赔。

具体方法：假设延误事件造成的影响为 ΔT，工作自由时差为 FF，工作总时差为 TF。无论干扰事件影响的工作是否发生在关键线路上，只要 ΔT 满足下列条件即可进行工期索赔：

1）$\Delta T < FF$，不能索赔。因此，此种情况不影响紧后工作最早开始时间，更不会影响总工期。

2）$FF \leqslant \Delta T \leqslant TF$，不能索赔。此种情况虽然影响紧后工作最早开始时间，但是不影响总工期。

3）$\Delta T > TF$，可索赔，索赔时间为 $\Delta T - TF$。此种情况影响紧后工作的最早开始时间，也会影响总工期。

特别说明：

FF 是指在不影响本工作的所有紧后工作最早开始的前提下，本工作可以利用的机动时间。

TF 是指在不影响总工期的前提下，本工作可以利用的机动时间。

【例 5-3】 某工程项目的进度计划如图 5-5（*a*）所示，在工程实施过程中，发生了延误，得到新的进度计划如图 5-5（*b*）所示。其中，工作②—④的延误是由于承包商原因造成的，其他延误均非承包商原因，请分析承包商的工期索赔值。

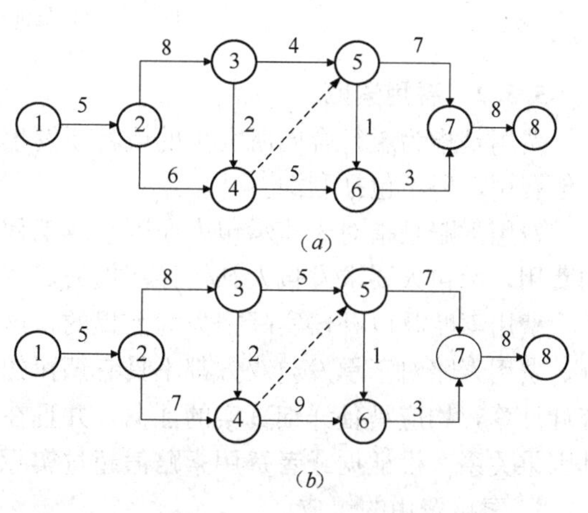

图 5-5　某工程项目双代号网络计划（单位：天）

【参考答案】

分析干扰事件发生前后的双代号网络计划，可以发现图（*a*）的原工期为 32 天，图（*b*）的新工期为 35 天，工程延误了 3 天，承包商原因导致的工作延误时间为 1 天，但是并非在关键线路上，因此承包商可以向发包人索赔工期 3 天。

5. 工期延误索赔的处理

很多情况下，工期延误不仅仅导致承包人索赔工期，还可能伴随着费用索赔，具体处理程序如图 5-6 所示。

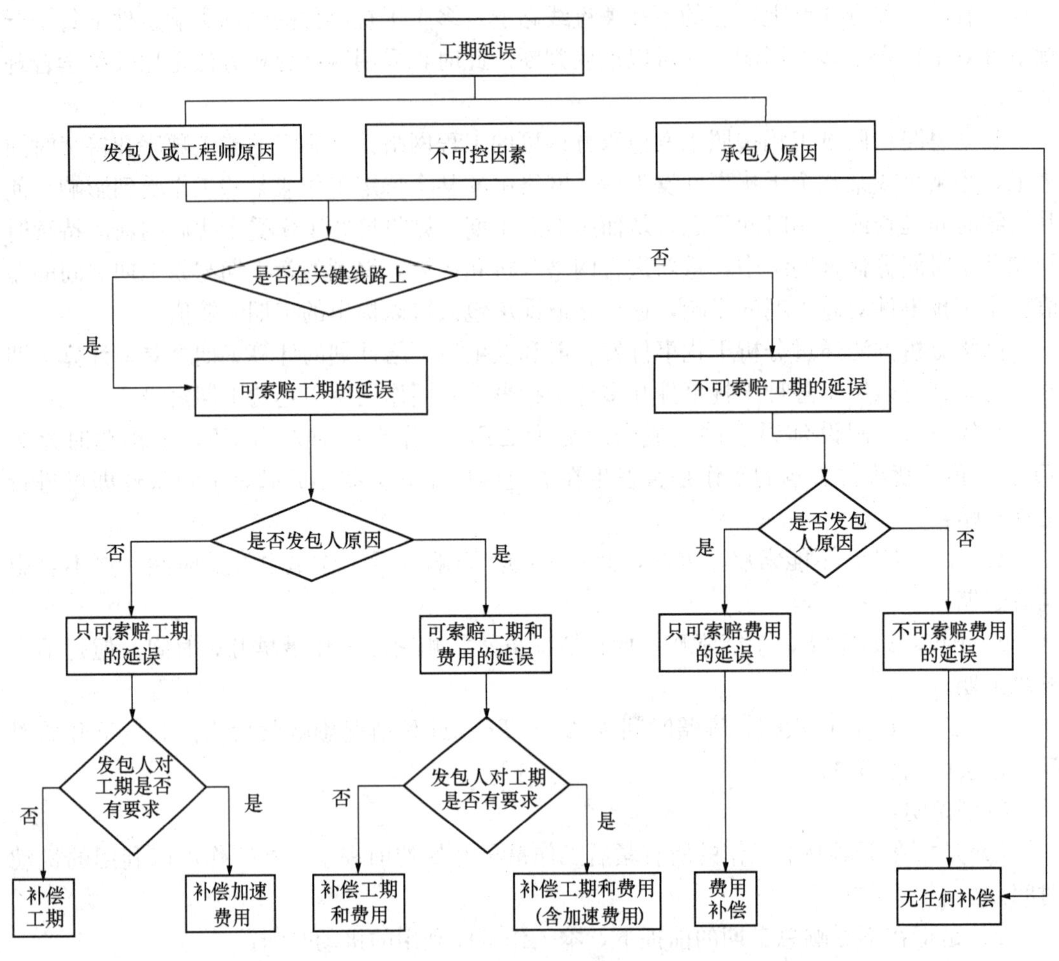

图 5-6 工期延误索赔的处理

5.3.2 费用索赔

费用是指为履行合同所发生的或将要发生的所有必需的开支，包括管理费和应分摊的其他费用，但不包括利润。

费用索赔是指对于非承包人原因造成工程成本的增加，使承包人承担了合同约定以外的费用，承包人要求发包人补偿经济损失，调整合同价格的行为。

费用索赔是以补偿实际损失为前提的，这里的实际损失包括直接损失和间接损失两部分，费用索赔对于承发包双方都不具有惩罚的性质。所有干扰事件引致的损失以及损失的统计计算，均应具备详细真实的证据，并且在索赔报告中明确出具这些证据，并能够说明其因果关系。没证据或者费用索赔值超过实际损失的索赔要求，都是得不到支持的。

1. 索赔费用的组成

依据《建筑安装工程费用项目组成》(建标［2017］44 号）之规定，建筑安装工程费用项目按费用构成要素组成划分为人工费、材料费、施工机具使用费、企业管理费、利润、规费和税金。按工程造价形成顺序划分为分部分项工程费、措施项目费、其他项目费、规费和税金。其中人工费、材料费、施工机具使用费、企业管理费和利润包含在分部分项工程费、措施项目费、其他项目费中。

一般来说，承包人有索赔权利的工程成本增加，都是可以索赔的费用。但是，对于不同原因引起的索赔，承包人可索赔的具体费用并不完全相同。不同的索赔事件，要依据实际情况对索赔费用加以分析论证。可以索赔的费用如图 5-7 所示。

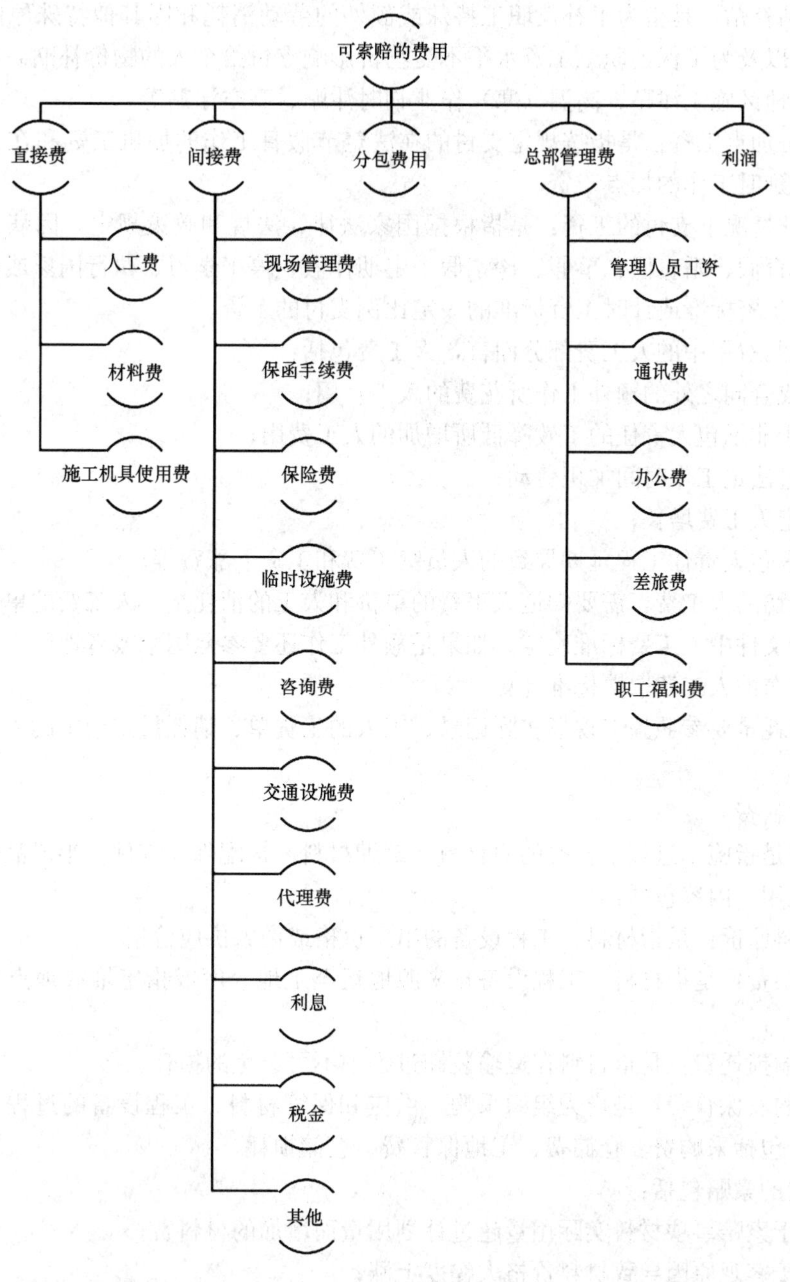

图 5-7　可索赔的费用组成

(1) 人工费

人工费是指按工资总额构成规定，支付给从事建筑安装工程施工的生产工人和附属生产单位工人的各项费用。内容包括：

1) 计时工资或计件工资：是指按计时工资标准和工作时间或对已做工作按计件单价支付给个人的劳动报酬。

2) 奖金：是指对超额劳动和增收节支支付给个人的劳动报酬。如节约奖、劳动竞赛奖等。

3) 津贴补贴：是指为了补偿职工特殊或额外的劳动消耗和因其他特殊原因支付给个人的津贴，以及为了保证职工工资水平不受物价影响支付给个人的物价补贴。如流动施工津贴、特殊地区施工津贴、高温（寒）作业临时津贴、高空津贴等。

4) 加班加点工资：是指按规定支付的在法定节假日工作的加班工资和在法定工作日工作时间外延时工作的加点工资。

5) 特殊情况下支付的工资：是指根据国家法律、法规和政策规定，因病、工伤、产假、计划生育假、婚丧假、事假、探亲假、定期休假、停工学习、执行国家或社会义务等原因按计时工资标准或计时工资标准的一定比例支付的工资。

对于索赔费用中的人工费部分而言，人工费包括：

1) 完成合同之外的额外工作所花费的人工费用；

2) 由于非承包人责任的工效降低所增加的人工费用；

3) 超过法定工作时间加班劳动；

4) 法定人工费增长；

5) 非承包人责任工程延期导致的人员窝工费和工资上涨费等。

计算索赔的人工费，需要知道人工费的单价和人工的消耗量。人工费的单价首先要参照投标报价文件中人工费标准确定。如果是额外工作还要参照国家或者地区工程造价管理部门定期发布的人工费取费标准计算。

人工消耗量要参照施工现场实际记录、工人的工资单、消耗量定额中的人工消耗量来综合确定。

(2) 材料费

材料费是指施工过程中耗费的原材料、辅助材料、构配件、零件、半成品或成品、工程设备的费用。内容包括：

1) 材料原价：是指材料、工程设备的出厂价格或商家供应价格。

2) 运杂费：是指材料、工程设备自来源地运至工地仓库或指定堆放地点所发生的全部费用。

3) 运输损耗费：是指材料在运输装卸过程中不可避免的损耗。

4) 采购及保管费：是指为组织采购、供应和保管材料、工程设备的过程中所需要的各项费用。包括采购费、仓储费、工地保管费、仓储损耗。

材料费的索赔包括：

1) 由于索赔事项材料实际用量超过计划用量而增加的材料费；

2) 由于客观原因导致材料价格大幅度上涨；

3) 由于非承包人责任工程延期导致的材料价格上涨和超期储存费用。材料费中应包括运输费、仓储费以及合理的损耗费用。

如果由于承包人管理不善，造成索赔料损坏失效，则不能列入索赔计价。

承包人应该建立健全物资管理制度，记录建筑材料的进货日期和价格，建立领料耗用制度，以便索赔时能准确地分离出索赔事项所引起的材料额外耗用量。为了证明材料单价的上涨，承包人应提供可靠的订货单、采购单，或官方公布的材料价格调整指数。

计算材料费的索赔值，需要明确增加的材料用量和相应的材料单价。

增加材料用量的计算，要依据增加的工程量和相应材料消耗量定额规定的材料消耗量指标确定实际增加的材料用量。

$$\text{材料单价} = (\text{材料原价} + \text{包装费} + \text{运输费} + \text{运输损耗费}) \times (1 + \text{采购保管费率}) - \text{包装品回收价值} \quad (5\text{-}3)$$

$$\text{材料费索赔值} = \text{增加的工程量} \times \text{单位工程量材料消耗量} \times \text{材料单价} \quad (5\text{-}4)$$

(3) 施工机具使用费

1) 施工机具使用费的组成

施工机具使用费是指施工作业所发生的施工机械、仪器仪表使用费或其租赁费。

施工机械使用费以施工机械台班耗用量乘以施工机械台班单价表示，施工机械台班单价应由下列七项费用组成：折旧费、大修理费、经常修理费、安拆费及场外运费、人工费、燃料动力费、税费。

① 折旧费：指施工机械在规定的使用年限内，陆续收回其原值的费用。

② 大修理费：指施工机械按规定的大修理间隔台班进行必要的大修理，以恢复其正常功能所需的费用。

③ 经常修理费：指施工机械除大修理以外的各级保养和临时故障排除所需的费用，包括为保障机械正常运转所需替换设备与随机配备工具附具的摊销和维护费用、机械运转中日常保养所需润滑与擦拭的材料费用及机械停滞期间的维护和保养费用等。

④ 安拆费及场外运费：安拆费指施工机械（大型机械除外）在现场进行安装与拆卸所需的人工、材料、机械和试运转费用以及机械辅助设施的折旧、搭设、拆除等费用；场外运费指施工机械整体或分体自停放地点运至施工现场或由一施工地点运至另一施工地点的运输、装卸、辅助材料及架线等费用。

⑤ 人工费：指机上司机（司炉）和其他操作人员的人工费。

⑥ 燃料动力费：指施工机械在运转作业中所消耗的各种燃料及水、电等。

⑦ 税费：指施工机械按照国家规定应缴纳的车船使用税、保险费及年检费等。

仪器仪表使用费是指工程施工所需使用的仪器仪表的摊销及维修费用。

2) 施工机具使用费的索赔

施工机具使用费的索赔包括：由于完成额外工作增加的机械使用费；非承包人责任工效降低增加的机械使用费；由于发包人或监理工程师原因导致机械停工的窝工费。计算施工机具使用费，需要区分具体情况采取不同方法加以处理：

① 由于完成额外工作增加的机械使用费。如果工程量增加，则需要按照投标报价文件中的机械台班费用单价和相应工程增加的机械台班数量计算增加的机械使用费。

② 由于发包人或监理工程师原因导致机械停工的窝工费。如果是承包人自有的机械设备，施工机械使用费按照折旧台班费用计算；如果使用的是租赁设备，租赁价格合理并

具有收据证明的，可以按照租赁价格计算。

③ 非承包人责任工效降低增加的机械使用费。如果施工机械工效降低是非承包商原因导致的，造成工期延后会增加相应的施工机械使用，进而导致施工机械使用费增加。计算公式如下：

$$\text{实际台班使用数量} = \text{计划台班使用数量} \times [1 + (\text{原定效率} - \text{实际效率}) / \text{原定效率}] \tag{5-5}$$

$$\text{增加的机械台班数量} = \text{实际台班使用数量} - \text{计划台班使用数量} \tag{5-6}$$

$$\text{机械工效降低增加的机械费} = \text{机械台班单价} \times \text{增加的机械台班数量} \tag{5-7}$$

比如下述案例：

在某世界银行贷款的项目中，采用 FIDIC 合同条件，合同规定发包人为承包人提供三级路面标准的现场公路。由于发包人选定的道路施工单位在修路中存在问题，现场交通道路在相当一段时间内未达到合同标准。承包人的车辆只能在路面块石垫层上行驶，造成轮胎严重超常磨损，承包人提出索赔，工程师批准了对 196 条轮胎及其他零配件的费用补偿，共计 20 万美元。

（4）管理费

管理费是指建筑安装企业组织施工生产和经营管理所需的费用。内容包括：管理人员工资、办公费、差旅交通费、固定资产使用费、工具用具使用费、劳动保险和职工福利费、劳动保护费、检验试验费、工会经费、职工教育经费、财产保险费、财务费、税金和其他费用等。

索赔款中的管理费包括现场管理费（工地管理费）和总部管理费。

1）现场管理费

索赔款中的现场管理费是指承包人完成额外工程、索赔事项工作以及工期延长期间的现场管理费，包括管理人员工资、办公、通信、交通费等。计算公式为：

索赔的现场管理费＝合同价中现场管理费总额/合同总工期×工程延期天数。(5-8)

2）总部管理费

索赔款中的总部管理费主要指的是工程延期期间所增加的管理费，包括总部职工工资、办公大楼、办公用品、财务管理、通信设施以及总部领导人员赴工地检查指导工作等开支。这项索赔款的计算，目前没有统一的方法。在国际工程施工索赔中总部管理费的计算有以下几种。

① 按照投标书中总部管理费的比例（3%～8%）计算。计算公式为：

$$\text{索赔的总部管理费} = \text{合同中总部管理费比率}(\%) \times (\text{直接费索赔款额} + \text{现场管理费索赔款额等}) \tag{5-9}$$

② 按照公司总部统一规定的管理费比率计算。计算公式为：

$$\text{索赔的总部管理费} = \text{公司管理费比率}(\%) \times (\text{直接费索赔款额} + \text{现场管理费索赔款额等}) \tag{5-10}$$

③ 以工程延期的总天数为基础，计算总部管理费的索赔额，计算步骤如下：

$$\text{对某一工程提取的管理费} = \text{同期内公司的总管理费} \times \frac{\text{该工程的合同额}}{\text{同期内公司的总合同额}} \tag{5-11}$$

$$该工程的每日管理费 = \frac{该工程向总部上缴的管理费}{合同实施天数} \tag{5-12}$$

$$索赔的总部管理费 = 该工程的每日管理费 \times 工程延期的天数 \tag{5-13}$$

（5）利润

利润是指承包人完成所承包工程获得的盈利。由于工程范围的变更、文件有缺陷或技术性错误、发包人未能提供现场等引起的索赔，承包人可以列入利润。但对于工程暂停的索赔，由于利润通常是包括在每项实施工程内容的价格之内的，而延长工期并未影响削减某些项目的实施，也未导致利润减少。所以，一般工程师不支持在工程暂停的费用索赔中加入利润损失。

索赔利润的款额计算通常与原报价单中的利润百分率保持一致。计算公式为：

$$索赔的利润 = 合同价中的利润率 \times (直接费索赔额 + 工地管理费和总部管理费索赔额) \tag{5-14}$$

（6）分包费用

分包费用的索赔是指分包人的索赔费，一般也包括人工、材料、机械使用费的索赔。分包人的索赔应如数列入总承包人的索赔款总额以内。

（7）利息

在索赔款额的计算中，经常包括利息。利息的索赔通常发生于下列两种情况：一是延期付款的利息；二是错误扣款的利息。至于具体利率应是多少，在实践中可采用不同的标准，主要有这样几种规定：①按当时的银行贷款利率；②按当时的银行透支利率；③按合同双方协议的利率；④按中央银行贴现率加三个百分点。

2. 索赔费用的计算方法

索赔费用的计算方法很多，不同的工程项目应根据实际情况灵活选用计算方法。常用的索赔费用计算方法有：实际费用法、总费用法和修正的总费用法。

（1）实际费用法

实际费用法是计算工程索赔时最常用的一种方法，又称额外成本法。这种方法的计算原则是以承包人为某项索赔工作所支付的实际开支为依据，向发包人要求费用补偿。

用实际费用法计算时，在直接费额外费用部分的基础上，再加上应得的间接费和利润，即是承包人应得的索赔金额。由于实际费用法所依据的是实际发生的成本记录或单据，所以，在施工过程中，系统而准确地积累、记录资料是非常重要的。

通常情况下，实际费用法可以分为三个步骤：

1）分析每一个索赔事件所影响的费用项目。这些费用项目通常应该与投标报价文件中的费用项目相一致。

2）计算每个费用项目受索赔事件影响的数值。通过与投标报价文件中的费用项目取值相比较就可以得出该项费用索赔值。

3）汇总得到总索赔值。将各费用项目的索赔值进行汇总，得到总费用索赔值。

（2）总费用法

总费用法就是当发生多次索赔事件以后，重新计算该工程的实际总费用，实际总费用减去投标报价时的估算总费用，即为索赔金额，即：

$$索赔金额 = 实际总费用 - 投标报价估算总费用 \tag{5-15}$$

目前对这种方法的争议在于实际发生的总费用中可能包括了承包人的原因，如施工组织不善而增加的费用；同时投标报价估算的总费用也可能为了中标而过低。所以这种方法只有在难以采用实际费用法时才应用，应用时应该具体核实已开支的实际费用，取消不合理部分，使其接近实际情况。

（3）修正的总费用法

修正的总费用法计算步骤与总费用法类似，只是对某些不合理部分进行了改进。因此修正的总费用法在总费用计算的原则上，去掉一些不合理的因素，使其更合理。修正的内容如下：

1）关于计算期间的修正：将计算索赔款的期限局限于受到干扰因素影响的时间段，而不是整个项目工期；

2）关于受影响项目范围的修正：仅在受影响时间段，计算某项特定工作所受影响的费用损失，而不是计算该时段内所有施工任务所受的费用损失，该项工作无关的费用不列入总费用中；

3）对投标报价费用重新核算：按受影响时段内该项工作的实际单价进行核算，乘以实际完成的该项工作的工程量，得出调整后的报价费用。

按修正后的总费用法计算索赔金额的公式如下：

$$索赔金额 = 某项工作调整后的实际总费用 - 该项工作的报价费用 \quad (5\text{-}16)$$

相对于总费用法，修正的总费用法的准确程度已经比较接近实际费用法了。

5.4 工程索赔管理

工程承包合同管理是一项综合性强、涉及主体多、内容复杂的系统工作。在合同实施过程中，发包人、承包人、监理人、设计人、政府主管机关、供应商、金融机构、发包人代表、项目经理、工程师等主体形成了复杂的合作关系。承包人必须对各方主体以及各种关系进行认真详实的分析，争取相互理解、相互协作、营造有利于项目顺利实施的外部环境，从而实现工程索赔。

5.4.1 索赔管理的特点及遵循的原则

1. 索赔管理的特点

（1）索赔管理始终贯穿工程项目建设全过程

工程建设项目从承发包双方签订合同开始，直至工程项目竣工交付，均需要做好索赔工作，注意采取预防措施，避免对方当事人提出的工程索赔，建立健全索赔管理制度。

在工程项目招标投标阶段，承发包双方尤其是承包人，应当认真仔细的研读国家现行法律法规、政策文件以及招标文件、合同条件等，需要特别关注项目范围、项目目标、工程款支付、工程变更、违约行为及责任、不可控制风险、索赔程序及时限、争议解决等条款，熟悉合同中规定的各方当事人的权利和义务，以便于在未来索赔工作中获得充分的索赔依据。

在合同实施阶段，合同当事人应密切关注工程项目施工状况、监督对方当事人履行合同情况，制定索赔预案，不断寻找索赔机会，同时严格规避对方索赔。

（2）索赔是一门以工程技术和法律为载体的综合艺术

索赔工作要求索赔管理人员拥有丰富的工程技术知识和实践经验，能够依据工程实际情况，科学的提出合理的索赔问题，具有充分的法律依据和事实证据，并且在索赔文件的编制、递送以及索赔谈判过程中具有一定的艺术性、灵活性。

(3) 影响索赔成功的因素非常多

索赔工作能否顺利实现，不但需要加强事前控制和事中控制，还需要企业加强项目管理基础工作作为保障。主要体现在：

1) 合同管理。在某种意义上来讲，索赔管理本身就是合同管理的一部分。合同分析工作为索赔工作提供了法律依据；合同的日常管理工作为索赔工作提供了有效证据。合同的日常管理需要及时收集、整理、汇总整个施工过程中的文件资料，比如施工图纸、订货单、会谈纪要、来往信件、变更指令、气象信息、工程图片或者视频资料等。合同的日常管理过程中需要对上述文件进行科学归档和整理，能够形成描述和反映整个工程项目实施全过程的资料库，这些资料就是索赔工作的有效证据。

2) 进度管理。工程网络计划或者横道图可以指导工程项目施工的进度和次序，还可以通过对实际进度和计划进度的比较、研究和分析预测，找出影响项目工期的主要因素，明确各方主体的责任，及时向对方当事人提出工期索赔，并提供充分的数据资料。

3) 成本管理。成本管理的主要工作是编制成本计划、控制和审核成本开支，对计划成本与实际成本进行比较，为费用索赔提供计算数据和其他信息。

4) 信息管理。索赔文件的提出、准备和编制需要准确、可靠、真实的工程项目施工信息，这些信息需要在索赔时限内保质保量的准备齐全，要求当事人必须重视日常的信息管理工作，能够随时提供索赔所需要的资料。

2. 索赔管理遵循的原则

开展索赔管理工作，承发包双方的索赔管理人员应当遵循以下原则。

(1) 客观性原则

无论是发包人还是承包人，向对方提出索赔要求，首先要保证索赔事件是真实、可靠的。索赔管理人员必须认真、及时、全面地收集索赔证据，实事求是、客观公正地提出索赔要求。

(2) 合法性原则

无论是发包人还是承包人提出任何索赔要求，都必须是在现行的法律法规体系框架下和合同许可范围内的。缺乏足够的法律依据或者合同依据的索赔要求是不能够被支持的，或者说提出的索赔要求至少也应该是不被法律所禁止的事件。

(3) 合理性原则

索赔工作不仅要合法，还应该合情合理。其一，索赔管理人员应当选用科学合理的计算方法和计算基础，真实地反应索赔事件对当事人所造成的实际损失；其二，索赔管理人员应当结合工程实际情况，兼顾双方利益，实现合作共赢，不能够多估算、高要价、乱索赔。

5.4.2 发包人的施工索赔管理

在建筑实践中，因为承包人原因不能按照合同约定按期完成施工任务或者承包人的原因造成工程质量达不到合同约定的质量要求或者承包人因为其他原因给发包人造成了经济损失时，依据《建设工程施工合同（示范文本）》(GF-2017-0201) 通用条款第 19 条的规定，发包人认为有权得到赔付金额和（或）延长缺陷责任期的，可以在规定的时限内向承包人提出索赔。

1. 发包人对承包人提出索赔的种类

发包人向承包人提出的索赔，也称为反索赔。工程实践中，发包人对承包人提出的索赔，主要有以下三个方面。

(1) 工期延误

工程施工过程中，由于不确定性因素的影响，经常发生工程未能按时竣工交付，进而影响到发包人对该工程的按时接收和使用，从而给发包人带来了经济损失。如果这一工期延误是由于承包人原因造成的，发包人可以要求承包人承担工程延误带来的损失。

(2) 工程质量缺陷

一般工程承包合同都会规定：如果承包人的工程质量达不到合同约定要求，或者使用的材料设备不符合合同约定，或者在缺陷责任期内未完成特定工程缺陷的维修工作，发包人都可以向承包人提出索赔，要求其补偿发包人的经济损失。通常情况下，缺陷处理的费用是由承包人自行负担的，如果承包人拒绝承担责任，发包人可以从未支付工程进度款或者质量保证金中扣除。

(3) 承包人应承担的其他责任

除了上述两项承包人责任引起的发包人索赔以外，发包人还可以对承包人任何的其他违约行为提出索赔。依据《建设工程施工合同（示范文本）》有关承包人违约行为的相关约定，可知承包人还可能出现下列违约行为：

1) 承包人违反合同约定进行转包或违法分包的；

2) 承包人违反合同约定采购和使用不合格的材料和工程设备的；

3) 承包人违反第8.9款〔材料与设备专用要求〕的约定，未经批准，私自将已按照合同约定进入施工现场的材料或设备撤离施工现场的；

4) 承包人明确表示或者以其行为表明不履行合同主要义务的；

5) 承包人未能按照合同约定履行其他义务的。

承包人发生除明确表示或者以其行为表明不履行合同主要义务以外的其他违约情况时，监理人可向承包人发出整改通知，要求其在指定的期限内改正。

承包人应承担因其违约行为而增加的费用和（或）延误的工期。此外，合同当事人可在专用合同条款中另行约定承包人违约责任的承担方式和计算方法。

2. 发包人对承包人提出反索赔的重要意义

发包人对承包人提出反索赔的重要意义主要体现在以下几个方面：

(1) 反索赔可以减少和防止损失的发生影响工程经济效益。如果发包人不能进行有效的反索赔，无法有效对抗承包人的索赔，则必须满足承包人提出的索赔要求，会致使自身遭受经济损失。

(2) 不能有效进行反索赔，将会使发包人方的项目管理工作处于被动状态，影响整个工程的顺利实施。

(3) 索赔和反索赔是密不可分的，不能有效的反索赔，同样也难以开展索赔工作。

反索赔的工作内容主要体现在两个方面：其一是防止承包人提出索赔，其二是反击或者反驳对方的索赔要求。防止索赔，首要的工作就是做好合同风险管控，减少或者防止自己违约，严格按照合同办事，做好事前控制和事中控制。在工程实施之前，预估风险因素，并做好风险处理预案；当干扰事件发生之后，立刻着手开展调查研究，收集证据，一方面准备索赔工作，另一方面准备反击对方索赔。

3. 常用的反索赔措施

常用的反索赔措施有：

（1）找出对方的失误，直接向对方提出索赔，以索赔对抗或平衡对方的索赔，以求在最终解决索赔时互相让步或者互不支付。

（2）针对对方的索赔报告，进行仔细、认真的研究和分析，找出理由和证据，证明对方存在索赔要求或索赔报告不符合实际情况和合同规定、没有合同依据或事实证据、索赔值计算不合理或不准确等问题，反击对方的不合理索赔要求，推卸或减轻自己的责任，使自己不受或少受损失。

在实际处理索赔事宜时，这两种措施同等重要，常常同时采用。索赔和反索赔往往是同时进行的，攻守相结合才能达到预期的索赔效果。

4. 反索赔工作要点

反索赔的一项重要工作就是对承包人提出的索赔要求进行评审、反驳或者修正。一般来说可以从以下几个方面进行。

（1）索赔要求或报告的时限性

主要审查对方是否在干扰事件发生后的索赔时限内及时提出索赔要求或报告。

关于索赔时限，应当遵循以下规定：

1）承包人未在规定时间内发出索赔意向通知书的，丧失要求追加付款和（或）延长工期的权利；

2）承包人按第 14.2 款〔竣工结算审核〕约定接收竣工付款证书后，应被视为已无权再提出在工程接收证书颁发前所发生的任何索赔；

3）承包人按第 14.4 款〔最终结清〕提交的最终结清申请单中，只限于提出工程接收证书颁发后发生的索赔。提出索赔的期限自接受最终结清证书时终止。

（2）索赔事件的真实性

工程师和发包人应当检查承包人列出的索赔事件是否发生，其中的数据是否真实准确。

（3）干扰事件的原因、责任分析

如果干扰事件确实存在，则要通过对事件的调查分析，确定原因和责任。凡是属于承包人的原因造成的索赔事件，发包人都可以予以反驳，采取反索赔措施；如果发包人和承包人均负有责任，则要根据实际情况确定谁负有主要责任或者明确承担责任的比例，据此按照双方所承担的责任大小分担损失。

另外，发包人还应该了解索赔事件发生时，承包人是否采取了有效的控制措施防止损失进一步扩大，是否尽力挽回可预料到的损失。如果有证据证明承包人并未善意的采取任何有效措施，发包人可以拒绝承包人的索赔要求。比如因为突发暴雨，造成施工延误，承包人提出费用索赔和工期索赔，如果发包人发现此次事件是承包人忽视天气预报赶工造成的，则可以拒绝承包人的费用索赔要求。

（4）索赔理由分析

分析对方的索赔要求是否与合同条款或有关法规一致，所受损失是否属于非对方负责的原因造成。

在索赔报告中凡是合同文件约定的索赔事项，承包人均可以依据合同约定提出索赔，有权得到合理的工期延长和费用补偿，否则发包人可以在不违反现行法律法规的前提下拒绝索赔要求。

（5）索赔证据分析

分析对方所提供的证据是否真实、有效、合法，是否能证明索赔要求成立。证据不足、不全、不当、没有法律证明效力或没有证据，索赔不能成立，发包人和工程师可以拒绝承包人的索赔要求。

（6）索赔值审核

工程师和发包人应当对承包人的索赔报告进行详细审核。如果经过上述的各种分析、评价，仍不能从根本上否定对方的索赔要求，发包人则应该对索赔报告中列出的索赔值进行认真细致地审核，审核的重点是索赔值的计算方法是否合情合理，索赔值的各个组成部分是否合理适度，有无重复计算，计算结果是否准确等。通过检查和复核计算，可以确保索赔值更加准确可信。

5. 反索赔程序

反索赔程序可以参照以下步骤。

（1）成立反索赔工作小组

由发包人的财务部门、工程部门、成本管理部门、设计部门、材料管理部门的专业技术人员组成工程项目反索赔工作小组，工作小组可以以会议形式推选一名负责人，全面负责工程项目的各项反索赔工作。

（2）发出索赔意向通知

根据发生的反索赔事件，编制反索赔意向通知并及时送达承包人。发包人代表及有关职能部门密切关注工程施工进度及施工现场状况并做好工程施工记录，及时收集工程资料，反索赔事件发生后，立即上报反索赔工作小组，工作小组应组织召开专门会议形成决议，并形成书面材料经工程师送达承包人。

（3）收集资料，拟定反索赔报告

该过程应当做好以下几个方面的工作：

1）事态调查，寻找反索赔机会

通过调查确定事件的起因及索赔范围，确定反索赔的对象。审核对方索赔的要求、理由并进行逐条分析，评价事项的真实性、准确性及时效性。

2）反索赔事件原因分析

通过事态调查及分析，查找引起索赔或反索赔的具体原因。

3）明确反索赔依据

利用与工程相关的招标文件、投标文件、合同文件及施工记录等材料寻找反索赔的依据。

4）调查实际损失

工期反索赔应注意合同文件及其他书面证据对合同工期、调整工期的相关约定，以事先约定的逾期竣工违约金计取方法计算违约金，同时要对工期延误所导致的实际损失进行计算，实际损失可以为逾期时间范围内发包人项目投资金额的银行同期利息损失，或逾期交付导致的发包人对第三方违约及赔偿。然后将逾期竣工违约金数额与实际损失比较，以数额较高者作为反索赔的依据。

费用反索赔数额计算不能漏项也不可随意添加，数额应力求准确无误。工程的损失可以包括工程本身的损失和工程以外的损失。工程本身的损失主要是指处理质量问题所发生的包括检测费、设计费、施工费等费用；工程以外的损失是多方面的，如工程未能及时交付使用而造成的办公费用、搬迁、周转费用的增加以及因工程延误导致本公司对第三方承担的违约和赔偿等。

5）收集反索赔证据

应当有针对性地收集索赔证据，找出可置信的反索赔理由。反索赔证据力求准确、真实、充分、详细。

6）编制反索赔报告

反索赔工作小组及时编制反索赔报告，行文简明扼要、条理清楚，语调平和中肯，具有说服力。

(4) 提交反索赔报告

发包人应在合同规定的期限内以书面形式提交，用反索赔对抗（或者平衡）对方的索赔要求，以避免或减少已方的损失。如果承包人在反索赔报告规定的时间内未提出异议也未与发包人协商即视为其接受反索赔中的所有条款。

(5) 谈判协商

承发包双方和工程师通过谈判或调解，使反索赔得到合理的解决。如果双方无法达成一致意见，可以进一步采取仲裁或者诉讼方式解决。

(6) 接受索赔处理意见

如果双方对索赔处理意见没有异议，则索赔事宜顺利解决。合同约定的工期不受反索赔解决过程的影响，即使双方就索赔处理结果无法达成一致意见，施工单位或设计单位也不得停止工程施工或设计进度。

(7) 仲裁或者诉讼

5.4.3 工程师的施工索赔管理

工程师在工程施工过程中，承担了大量的技术和管理工作。工程师应当积极、主动的管理工程项目，为发包人和承包人提供良好的服务，做好施工过程的协调工作，有效的缓冲承发包双方的冲突，建立良好的合作氛围，确保施工合同顺利实施。

1. 工程师对索赔管理的影响

在整个施工合同实施过程中，工程师对施工索赔产生以下影响：

(1) 工程师的工作会引起索赔。工程师的工作失误、行使合同赋予的权利（如停工指令、工程验收等）造成承包人的工期延误或者费用损失，发包人必须承担相应的责任。在现实中，有相当部分的施工索赔是由于工程师的原因引起的。

(2) 工程师具有处理索赔的权力。首先，承包人提出索赔意向后，工程师有权检查承包人的施工现场及其资料；其次，承包人提交索赔报告之后，工程师有权进行审查并反驳不合理的索赔要求或可以指令承包人补充资料，从而提出初步索赔处理意见；再次，当工程师与承包人就索赔处理意见无法达成一致时，工程师有权单方面做出处理决定；最后，对于合理的索赔请求，经发包人审批通过后，工程师可签发支付证书，将索赔款项纳入工程进度款中拨付。

（3）当承发包双方就索赔处理结果无法达成一致意见时，可以按照合同约定采取仲裁或者诉讼，工程师可以作为见证人提供证据。

2. 工程师在索赔管理中的主要任务

工程师在索赔管理过程中的主要工作任务体现在以下几个方面。

（1）预测和分析索赔的原因和后果

工程师在施工过程中，受发包人委托承担施工项目的具体技术和管理工作。工程师应当在日常工作中，预测自身行为和发包人行为引起的后果，避免承包人发现漏洞进而提出索赔请求。工程师在起草管理文件、下发工作计划、下达工作指令、作出决定或者答复请求时，应注意合理性、合法性、周密性和正确性。

（2）预防和减少索赔事件的发生

工程师可以通过做好自身的工作预防，减少甚至避免索赔事件的发生。

首先，正确理解合同文件。合同文件是承发包双方意思一致的表示，是双方均应遵守的法律文书。由于施工合同内容繁杂，双方由于各自利益和立场不同可能无法就所有条款达成一致的理解，或多或少存在分歧，进而导致索赔事件的发生。因此工程师作为独立第三方，应当认真研究合同文件，促使承发包双方能够正确地、一致地理解合同的规定，减少或者避免索赔事件的发生。

其次，做好日常监理工作。在日常监理工作中，与承包人保持良好的沟通，是减少索赔事件的重要措施。工程师通过细致、及时的工作，发现和解决问题，防患于未然，在干扰事件出现之前及时纠正或者在干扰事件发生后、不利影响发生前及时挽回甚至避免。

再次，主动为承包人提供建议和帮助。承包人在工程实施过程中遇到的各类不利因素，工程师没有义务主动提供帮助，但是如果工程师能够在力所能及的情况下，提供建议或者帮助，可以使得工程项目免遭损失或者降低损失，同时避免了索赔事件的发生。

最后，建立和维护工程师公正、公平的立场。工程师在处理日常施工管理事务时，坚持以独立第三方的身份，公正、公平地开展合同管理。处理索赔事件是建立其诚信的基础。

（3）审查索赔报告

工程师在审查索赔报告时要做好两方面工作。其一是需要判断承包人的索赔请求是否有理有据，这要求工程师判断承包人请求的损失补偿是否是非承包人原因造成的，所提供的证据是否可信，是否与合同约定和法律法规相一致；其二是审核索赔值的合理性，界定清楚索赔事件的责任以及计算的合理性和正确性。

（4）公正合理的处理索赔事件

索赔事件得到合理解决，既要使承包人实际遭受的损失得到补偿，也要使发包人的利益不受到损害，达到承发包双方都能对索赔处理结果满意。因此，工程师在处理和解决索赔问题时，应及时地与发包人和承包人沟通，保持经常性的联系。在做出决定，特别是做出调整价格、确定工期和费用补偿决定前，应充分地与合同双方协商，最好达成一致，取得共识。这是避免索赔争议的最有效的办法。

5.4.4 承包人的施工索赔管理

施工索赔是施工合同管理的重要环节，施工索赔过程也是履行施工合同的过程。承包人从工程项目投标开始，就需要对施工合同条件进行分析，出现干扰事件时，及时准备提出索赔意向。做好索赔管理，首先要做好合同管理。承包人应当重视索赔管理，一方面施工索赔管理是工程计划管理的推动力，另一方面施工索赔是补偿额外经济损失的重要手段。

1. 承包人施工索赔的原则

承包人开展施工索赔工作，需要遵循以下几个原则。

(1) 必要原则

必要原则是指索赔事件所引起的额外损失是承包人在履行合同过程中所付出的，是顺利完成施工任务所必须的，是在合同约定范围之内的。如果没有承包人付出额外的支出，该工程任务是无法顺利实施的，也无法达到合同约定的预期目标。因此索赔费用的发生是必要的。

(2) 赔偿原则

赔偿原则是从索赔费用和工期补偿的数量角度来分析索赔事件的。索赔请求应当能够完全弥补承包人的实际损失，同时不使承包人因为索赔而得到额外利益。

(3) 最小原则

最小原则是指承包人在知道或者应该知道索赔事件发生时，应当及时采取有效的措施避免不利影响扩大化，将实际损失控制在最低限度。承包人不可利用干扰事件的发生，谋取更多的利益。承包人无权就其不及时采取措施导致的工程项目损失扩大产生的费用提出赔偿请求。

(4) 时限原则

承包人应当依据建设工程施工合同所约定的索赔时间提出索赔要求、递交索赔报告。《建设工程施工合同（示范文本）》(GF-2017-0201) 通用条款第19条明确规定了索赔事件的时限要求。

1) 承包人按第14.2款〔竣工结算审核〕约定接收竣工付款证书后，应被视为已无权再提出在工程接收证书颁发前所发生的任何索赔。

2) 承包人按第14.4款〔最终结清〕提交的最终结清申请单中，只限于提出工程接收证书颁发后发生的索赔。提出索赔的期限自接受最终结清证书时终止。

(5) 引证原则

承包人提出的任何一项索赔请求，都必须有充分合理的证明材料，缺乏足够证据和可信证据的索赔请求，工程师将会拒绝。

2. 承包人施工索赔需注意的工作要点

为了做好施工索赔工作，承包人需要做好以下几方面工作。

(1) 增强索赔意识，熟悉合同文件

正当的施工索赔是维护承包人经济利益的重要手段，在施工合同实施的过程中，承包人应当抓住每一个索赔的机会。因此索赔管理人员必须认真研究建设工程施工合同，了解有关索赔的约定，清楚索赔的程序。

(2) 组建专门的索赔管理机构并明确索赔管理人员的工作职责

索赔管理涉及工程技术、经济管理、财务、公关、法律法规等多领域，因此可以设置专门的索赔管理机构和索赔管理人员，并明确索赔管理机构的部门职责和索赔管理人员的个人工作职责。

（3）重视索赔证据的收集和整理

索赔工作必须以合同为依据，提供充分的、可信的索赔证据资料。因此施工企业必须在施工过程中收集并整理一切可能用到的证据资料，建立科学合理的工程日志和业务记录制度，加强文档管理。

3. 承包人索赔管理的全过程控制

承包人的索赔管理包括事前控制、事中控制和事后控制。

（1）事前控制

事前控制是指承包人应当进行工程项目风险预测，并采取相应的防范措施和对策，减少和避免由于自身原因造成损失或者发包人以及第三方的原因造成自身的损失。承包人应熟悉和理解设计文件、招标文件、合同文件以及工程项目影响费用支出的风险因素，明确投资管理的重点环节。承包人应收集整理并系统分析建设工程项目资料信息，建立有效的风险控制模型，强化风险管理意识，识别风险因素，并制定风险应对预案。

（2）事中控制

事中控制贯穿工程建设项目实施的全过程，是一项内容繁杂、持续性的工作。一方面，承包人应详细记录施工现场的各种情况，提出施工过程中的各类问题并及时解决，避免或者减少索赔事件的发生，不制造违约和索赔的条件。另一方面，加强现场人员的风险意识教育，风险管理工作贯穿工程项目实施的全过程，涵盖参与工程项目的全体人员。

（3）事后控制

事后控制是指在索赔事件发生之后，各类索赔文件应当及时整理归档，统计索赔事件发生的概率和后果，总结经验，避免再次发生类似的风险事件。

4. 常见的承包人索赔的合同条款

在不同的索赔事件中索赔的内容是不同的。依据《建设工程施工合同（示范文本）》（GF-2017-0201）及《标准施工招标文件》，承包人在如表 5-3 所列示的情况下可以获得相应补偿。

可以合理补偿承包商索赔要求的条款　　表 5-3

序号	主 要 内 容	可补偿内容		
		工期	费用	利润
1	施工过程发现文物、古迹以及其他遗迹、化石、钱币或物品	√	√	
2	承包人遇到不利物质条件	√	√	
3	发包人要求承包人提前交付材料和工程设备		√	
4	发包人提供的材料和工程设备不符合合同要求	√	√	√
5	发包人提供的资料错误导致承包人的返工或造成损失	√	√	√
6	发包人的原因造成工期延误	√	√	√
7	异常恶劣的气候条件	√		

续表

序号	主要内容	可补偿内容		
		工期	费用	利润
8	发包人要求承包人提前竣工		√	
9	发包人原因引起的暂停施工	√	√	√
10	发包人原因造成暂停施工后无法按时复工	√	√	√
11	发包人原因造成工程质量达不到合同约定验收标准	√	√	√
12	监理人对隐蔽工程重新检查，经检验工程质量符合要求	√	√	√
13	法律变化引起的价格调整		√	
14	发包人在全部工程竣工前使用已接收的工程导致承包人费用增加	√	√	√
15	发包人原因导致试运行失败		√	√
16	发包人原因导致的工程缺陷和损失		√	√
17	不可抗力	√		

5.4.5 索赔报告的撰写

索赔报告是承包人向对方提出索赔要求的书面文件，是承包人对索赔事件请求的处理结果，也是工程师和发包人审议承包人索赔请求的主要依据。

1. 索赔报告中常见的问题

在建筑实践中，即使是经验丰富的索赔管理人员所编制的索赔报告也会存在漏洞和不足，这取决于索赔管理的水平与索赔经验和索赔能力。

对于承包人（也可能是分包人或者发包人）提出的索赔请求，一般来说不可能全盘接受，这就需要发现索赔报告中的问题加以反驳。对于提出索赔的一方来讲，就需要尽可能避免索赔报告中存在的不足，进而采取适当的索赔策略，争取实现预期的索赔结果。

通常情况下，索赔报告存在以下问题：

（1）索赔理由存在对合同理解的错误。一般来说，承包人在提出索赔要求时，是从自己的利益和对合同的理解出发解释合同条款的，因此对合同条款的解释和运用是可能存在片面性的，这将会导致索赔理由不充分。

（2）索赔目的有推卸责任和转嫁风险的因素。承包人在干扰事件发生之后，率先提出索赔要求，从而实现推卸责任和转嫁风险的目的。如果工程师审核不严或者发包人索赔管理经验不足，将会使其达到预期目的。

（3）索赔报告中所阐述的干扰事件缺乏足够证据。

（4）索赔值计算存在多估多算、漫天要价、无中生有的情况，将承包人自身应承担的风险也计算在内。

以上问题，索赔管理人员应当加以重视，尤其是被索赔一方，更需要认真审核索赔报告，以避免损失。对于索赔一方而言，如若索赔报告不完善，被工程师或者被索赔一方驳回，同样无法实现索赔目的。

2. 索赔报告的基本要求

一份完善的索赔报告，应当满足以下要求。

（1）索赔事件应真实

这是索赔的基本要求，索赔的处理原则即是赔偿实际损失。所以，索赔事件是否真实直接关系到承包商的信誉和索赔能否成功。如果承包商提出不真实、不合情理、缺乏根据的索赔要求，工程师应予拒绝或者要求承包商进行修改。同时，这可能会影响工程师对承包商的信任程度，造成在今后工作中即使承包商提出的索赔合情合理，也会因缺乏信任而导致索赔失败。所以，索赔报告中所指出的干扰事件，必须具备充分而有效的证据予以证明。

（2）责任划分应清楚

一般来说，索赔是针对对方责任所引起的干扰事件而作出的，所以索赔时，对干扰事件产生的原因以及承包人和发包人应承担的责任应做客观分析，只有这样，索赔才算公正合理。

（3）有充分的索赔依据和证据支持

承包人应在索赔报告中直接引用相应的合同条款，说明干扰事件对工程的影响以及与索赔之间的直接因果关系、对方应承担的责任等。

（4）索赔报告编制质量较高

索赔报告应当简明扼要、责任界定清晰、有条理，各种结论、定义准确、逻辑性强，索赔证据可信，索赔值的计算应详细准确、有计算过程等。

3. 索赔报告的撰写

索赔报告的具体内容应当由于索赔事件的性质和特点而有所不同。一般情况下，索赔报告应当包括以下几部分。

（1）总论部分

一般包括以下内容：序言、索赔事项概述、具体索赔要求、索赔报告编写及审核人员名单。

此部分应简要说明索赔事件的发生日期与过程；承包人为该索赔事件所付出的努力和额外费用支出；承包人的具体索赔要求。在总论部分注明索赔报告编写人员及审核人员，并说明以上人员的职称、职务及施工经验，以强调索赔报告的严肃性和权威性。总之，总论部分的撰写以简明扼要，突出主题为目的。

（2）索赔依据部分

本部分内容主要是说明承包人享有的索赔权利，这是索赔能否成立的关键内容。索赔依据的内容主要来自该工程项目的合同文件，并列举所适用的有关法律文件。承包人应当引用合同中的具体条款或者法律依据，说明自己理应获得费用补偿或工期顺延。一般地说，索赔依据部分包括：索赔事件的发生情况；索赔意向通知书的递交情况；索赔事件的处理过程；索赔要求的合同根据；所附的证据资料列表等。在具体撰写时，此部分按照索赔事件发生、发展、处理和最终结果的逻辑顺序撰写，并在适当的环节引用有关的合同条款和法律依据，使发包人和工程师能清楚干扰事件的基本情况，并充分认识承包人提出索赔的合理性和合法性。

（3）索赔值计算部分

索赔值计算需要以定量的方法，采取科学、合理的计算方法，通过列示详细的计算过程，说明自己请求的费用补偿金额和工期顺延时间。索赔依据部分是为了解决应不应该索赔的问题，这是定性分析；而本部分是为了解决应该索赔多少的问题，这是定量分析。

在索赔值计算部分，承包人应清晰的说明下列问题：

1）索赔款的要求总额；

2）各索赔子项以及各子项的计算过程，如额外开支的人工费、材料费、管理费和利润等；

3）指明各项开支的计算依据及证据资料，注意每一个子项的合理性，切忌出现不实的开支；

4）所采用计价方法。至于采用哪一种计价方法，应根据索赔事件的特点及所掌握的证据资料等因素来确定，切忌采用不合理的计价方法。

（4）索赔证据部分

索赔证据部分包括该索赔事件所涉及的一切证据资料，以及对这些证据的说明。索赔证据是索赔报告的重要组成部分，没有真实可信的证据，索赔是难以获得批准的。在引用索赔证据时，要注意该证据的效力或可信程度，需要让对方无法提出反驳意见。

5.5 案例分析

【案例 5-1】工期索赔

某房地产项目，发包人公开招标确定了承包人，并在规定时间内签订了建设工程施工合同，其中约定项目总造价为 3000 万元，工期为 280 天。施工过程中，发生了以下几种情况导致了进度计划中的关键线路上发生了工期延误。

事件 1：基坑开挖过程中，基坑范围内有城市供水主管道，需要对主管道进行改线作业并处理地基，发包人及时发出了停工通知要求施工单位停工 10 天。

事件 2：发包人临时决定设计图纸变更，导致关键线路上的某分项工程施工无法按时开工而停工 2 天。

事件 3：承包人租赁施工机械，由于出租人无法按时运输到工地现场，导致工期延误 2 天。

事件 4：由于天气连续高温，造成当地供电线路损坏，停电 3 天造成工程无法施工。

事件 5：由于当地突发暴雨，造成工程停工 2 天。

针对以上事件，承包人在规定时间内提出了工期索赔。

请回答下列问题：

问题 1：每个工期延误事件是否应该批准延长时间申请，请说明理由。

问题 2：该工程实际工期延误了多少天？

问题 3：工程师应该批准的工程索赔是多少天？

【参考答案】

1. 根据上述案例提供的信息，各事件应批准的工期延长时间和原因如下：

事件 1：地下供水主管道改线影响施工，并非承包人能合理预见的，应是发包人在招标阶段提供的材料不充分导致，工期应当延长 10 天。

事件 2：发包人临时决定设计图纸变更，属于发包人的责任，工期应当顺延 2 天。

事件 3：承包人租赁施工机械，由于出租人无法按时运输到工地现场，属于承包人的责任，工期不予顺延。

事件 4：停电不属于承包人责任，虽然也不是发包人直接原因，但是属于发包人应承担的责任，工期顺延 3 天。

事件 5：突发暴雨属于不可抗力，也属于发包人应承担的责任，工期顺延 2 天。

2. 该工程实际工期延误了 10＋2＋2＋3＋2＝19 天。

3. 工程师应该批准的工程索赔是 10＋2＋3＋2＝17 天。

【案例 5-2】费用索赔

某 A 公司投资建设办公楼，经过公开招标选定了某 B 施工公司，在规定的时间内签订了施工总承包合同。合同约定项目开工日期为 2018 年 1 月 15 日。在合同履行过程中，发生了如下事件：

事件 1：因为工地现场三通一平工作未能按时完成，A 公司 2018 年 1 月 25 日才向 B 公司提供了施工场地，从而导致 B 公司的甲、乙两项工作未能按时完成，工期延误 3 天，同时造成人员窝工 18 个工日（其中工作甲窝工 10 工日，工作乙窝工 8 工日）。丙工作最早开始时间延误了 3 天，但是没有影响后续工作的最早开始时间。

事件 2：B 公司与出租人 C 约定，工作丁使用的施工机械需于 2018 年 2 月 12 日进场作业，但是出租人由于春节的原因，推迟到 2 月 22 日方才进场，导致工作丁延误 10 天，人员窝工 80 个工日。

事件 3：因 A 公司负责提供的材料质量不合格，导致 B 公司工作戊返工导致施工作业延长 2 天，人员窝工 22 工日，其他费用 24000 元。

事件 4：A 公司改变设计图纸，导致工作量增加，B 公司因己工作变化增加 15 个工日，并额外支出其他费用 1.8 万元，该工作最早开始时间延误 3 天。

上述事件中，甲、乙、丙三项工作均为关键线路上的工作，其他工作均未影响紧后工作的最迟开始时间。

请回答：

问题 1：B 公司可以就哪些事项向 A 公司提出索赔要求。请说明理由。

问题 2：假设合同约定窝工及增加人工的费用为 80 元/工日，不考虑施工管理费及利润等，B 公司可以获得哪些事件中发生的费用补偿，补偿额是多少？

【参考答案】

1. 对于施工过程中发生的上述事件，应做以下处理：

事件 1：B 公司可以向 A 公司就甲乙两项工作提出工期和费用索赔。A 公司未能按照合同约定提供施工场地，是发包人的责任，且甲乙两项工作是关键工作，应当予以赔偿。但是丙工作虽在关键线路上，但是没有影响工期，同时依据现有信息可以判定也没有发生额外费用，不应给予补偿。

事件 2：B 公司不可以提出索赔。B 公司施工机械未能按时入场，并非发包人原因，因此工期及费用均不应索赔。

事件 3：B 公司可以提出费用索赔。A 公司提供的材料质量不合格，导致工程延期并返工，但是也注意到该工作并非关键工作，也未影响工期，因此不可以进行工期索赔，但是可以提出费用索赔。

事件4：B公司可以提出费用索赔。设计图纸变更属于发包人责任，因此可以提出费用索赔，但是该工作并非关键工作，虽然最早开始时间延误3天，但是并未影响工期，因此不可以提出工期索赔。

2.B公司可以在事件1、事件3和事件4得到补偿。具体补偿额为：

事件1：补偿金额＝18×80＝1440元。

事件3：补偿金额＝22×80＋24000＝25760元。

事件4：补偿金额＝15×80＋18000＝19200元。

【案例5-3】 工期和费用索赔

某发包人甲与承包人乙签订了某办公楼项目施工承包合同，合同约定由于甲方的原因造成工期延误则甲方应支付违约金1万元/天，由于乙方原因造成工期延误则乙方应支付违约金1万元/天（可从工程款中扣除）；施工过程中如果实际工程量超过招标文件中列示的计划工程量10%（不含）时，超过部分按照该子项目综合单价的90%计算。双方认可乙方在施工组织设计中编制的双代号网络计划（如图5-8所示）。

该工程施工过程中发生了下述事件：

事件1：A工作涉及的基础土方工程计划工程量400m^3，按照图纸施工的实际开挖工程量为450m^3。原定综合单价为75元/m^3。

事件2：B工作施工过程中，乙方为了确保工程质量，将土方开挖范围扩大。结果导致实际开挖工程量为320m^3，计划工程量仅为260m^3。

事件3：C工作施工完毕后，甲方认为验收结果有误，实际施工与图纸不符，要求开挖重新验收，经检查确实存在重大缺陷，工期延误2天，发生费用2万元。

事件4：D工作在施工中，由于甲方发现图纸存在缺陷，要求乙方停工，导致该工作工期延误3天，发生费用5万元。

事件5：E工作在施工过程中，乙方设备出现故障，导致乙方工期延误2天，费用3万元，经调查此设备系乙方租赁，并非乙方原因导致设备故障。

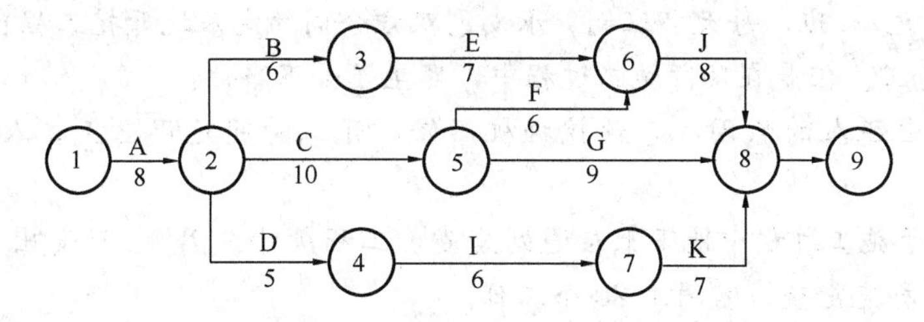

图5-8 施工进度计划示意图（单位：天）

请回答：

问题1：该工程的计划工期为多少天？哪些工作是关键工作？

问题2：上述事件中哪些工作应进行工期索赔？哪些工作应进行费用索赔？请说明具体索赔额度。

问题3：该工程的实际工期与计划工期相比，是否发生了变化？

问题4：综合考虑上述事件，因为工期延误该工程应该扣除或者补偿乙方的工程款为多少？

【参考答案】

1. 根据题中提供的网络计划，可以得知计划工期为35天，用标号法可以确定关键线路，关键线路上的关键工作为A、C、F、J、M。

2. 上述事件应按以下方式处理：

事件1：乙方可提出工期索赔和费用索赔。A工作原计划工期为8天，计划工程量为$400m^3$，因此每天应完成$50m^3$。实际工程量为$450m^3$，因此合理完成期限为9天，工期应顺延1天，同时增加的工程费为75×40＋75×10×90%＝3675元。

事件2：乙方原因导致，不予补偿。

事件3：乙方原因导致，不予补偿。

事件4：乙方可提出费用补偿。设计图纸缺陷系发包人责任，甲方应予补偿，但是D工作并非关键工作，工期延误后也并未成为关键工作，因此对总工期没有影响，工期不予补偿，但是额外费用需要补偿5万元。

事件5：乙方原因导致，不予补偿。

3. 依据原网络计划，可知关键线路为A、C、F、J、M。已经计算得出A工作延误1天，C工作延误2天，D工作虽有延误但并未影响到工期，因此实际工期为35＋1＋2＝38天。

4. 在3天延误工期中，因为乙方原因延误工期为2天，因为甲方原因延误工期为1天，因此综合考虑，因为工期延误甲方应扣除乙方工程款1万元。

【案例5-4】 工期索赔和费用索赔

2017年8月20日，某A公司（发包人）通过公开招标方式与某B施工公司（承包人）签订了建设工程总承包合同。承包人在开工前按时提交了施工方案和进度安排计划并获得了工程师的书面同意。

在合同中，约定该工程基坑开挖工程量为$4000m^3$，土方挖掘直接费单价8元/m^3，综合费率为直接费的20%。在施工方案中确定基坑开挖采用一台挖掘机施工，挖掘机的租赁费用为500元/台班，每天2班倒。承发包双方合同约定基坑开挖工程自9月11日开工，9月20日完工。但是在实际施工过程中，发生了如下事件：

事件1：因出租人的原因，导致挖掘机维修，开工时间延误2天，人员窝工10个工日。

事件2：由于施工过程中地下土层遇到岩石，工程师于9月15日发出了书面指令要求进行地质条件补充勘查，需用工20个工日。

事件3：承包人于9月19日接到工程师指令于次日恢复施工，同时依据地质补充勘查结论提出基坑开挖变更方案，导致土方开挖量增加$1000m^3$。

事件4：9月20日—9月22日，突发暴雨导致工程暂停，人员窝工10个工日。

事件5：9月23日雨停后，承包人用工30个工日恢复工地现场，于9月24日恢复土方开挖工作，并于9月30日完工。

请回答：

问题1：上述事件中，承包人应分别采取何种索赔？请说明理由。

问题2：上述事件中，承包人可以提出工期索赔分别是多少天，总工期索赔为多少天？

问题3：若合同中未约定合同单价，但是依照当地惯例，人工费单价为50元/天，增加用工的管理费为增加人工费的30%，则承包人可索赔的费用为多少？（不考虑其他费用）

【参考答案】

1. 上述事件中，承包人应做如下处理：

事件1：不能索赔。租赁设备维修虽非承包人导致，但是属于承包人应当承担的责任。

事件2：可以索赔。地质条件发生变化是发包人应当承担的责任。

事件3：可以索赔。地质条件发生变化是发包人应当承担的责任。

事件4：可以索赔。不可抗力造成的影响属于发包人应当承担的责任，应予以顺延工期。

事件5：可以索赔。不可抗力对工地现场造成的损失属于发包人应当承担的责任。

2. 上述事件中，承包人可以索赔的工期天数为：

事件2：由于地质条件变化导致工期延误，可索赔工期为5天。

事件3：合同约定工程量为4000m^3，计划工期10天，因此每天完成的工程量为4000/10=400m^3。由于实际增加工程量为1000m^3，因此实际增加工期为1000/400=2.5天。因此可索赔工期为2.5天。

事件4：因天气原因造成的工期延误应予顺延，可索赔工期3天。

事件5：由于天气原因导致施工现场破坏，需要修复，因此可索赔工期1天。

因此总工期可索赔5+2.5+3+1=11.5天。

3. 上述事件中，承包人可索赔的费用为：

事件2：人工费：20工日×50元/工日=1000元

管理费：1000元×30%=300元

机械费：500元/台班×2台班×5天=5000元

事件3：1000m^3×8元/m^3×(1+20%)=9600元

事件5：人工费：30工日×50元/工日=1500元

管理费：1500元×30%=450元

机械费：500元/台班×2台班×1天=1000元

因此总索赔费用为(1000+300+5000)+9600+(1500+450+1000)=18850元。

本 章 小 结

本章主要介绍了建设工程施工索赔的原因、分类；工程索赔的证据、基本程序以及施工索赔中工期索赔与费用索赔的索赔值的计算。通过本章学习，学生可以初步掌握施工索赔的基本程序、索赔值的计算方法以及索赔证据的收集及整理。

思 考 与 练 习 题

1. 简述施工索赔的概念和特征。
2. 简述工程索赔的原因。
3. 简述常见的索赔证据都有哪些。

4. 简述承包人索赔的一般程序。
5. 简述工期索赔的原因。
6. 简述工期拖延的处理措施。
7. 简述费用索赔的原因。
8. 简述费用索赔值的计算方法。

第 6 章　建设工程其他相关合同

本章要点及学习目标

通过本章的学习，学生应掌握以下知识点：建设工程常见的其他相关合同的概念、特征；熟悉各种合同适用的法律和依据以及合同示范文本的组成及其内容。

6.1　建设工程监理合同

6.1.1　建设工程监理合同的基本概念和特征

建设工程监理合同，又称建设工程委托监理合同或者监理合同，是指委托人和监理人就委托人所委托的工程项目管理的具体内容所签订的明确双方权利和义务的协议文件。建设工程监理合同是一种委托合同，建设工程实施监理的，发包人与监理人应当签订书面的建设工程监理合同。

建设工程监理合同的主体包括委托人和监理人。委托人是指本合同中委托监理与相关服务的一方，及其合法的继承人或受让人。监理人是指本合同中提供监理与相关服务的一方，及其合法的继承人。

建设工程监理合同涉及的第三方为承包人。承包人是指在工程范围内与委托人签订勘察、设计、施工等有关合同的当事人，及其合法的继承人。

建设工程监理是指监理人受委托人的委托，依照法律法规、工程建设标准、勘察设计文件及合同，在施工阶段对建设工程质量、进度、造价进行控制，对合同、信息进行管理，对工程建设相关方的关系进行协调，并履行建设工程安全生产管理法定职责的服务活动。

依据建设工程监理合同相关约定，在勘察、设计、保修等阶段，监理人可以接受委托人的委托及其他相关服务。

建设工程监理工作由监理人派驻到工程现场的项目监理机构履行，项目监理机构的负责人为总监理工程师。总监理工程师获得监理人法定代表人的书面授权，全面负责履行建设工程监理合同、主持项目监理机构工作。总监理工程师应当由注册监理工程师担任。

建设工程监理合同一般具有如下特点：

(1) 建设工程监理合同的当事人一般应当具有民事权利能力和民事行为能力，应是取得法人资格的企事业单位、其他组织或者个人。从事建设工程监理活动的企业，应当取得工程监理企业资质，并在工程监理企业资质证书许可的范围内从事工程监理活动。

(2) 建设工程监理合同的标的物是监理服务。与勘察合同、设计合同、施工合同不同，监理合同的标的物不是建筑产品或者智力成果，而是服务。监理工程师依据自身具有的知识、经验、技能等独有资源接受委托人的委托为其合同的履行提供监督和管理。

(3) 建设工程监理合同必须遵循有关法律法规及相关规定，并依据现行工程项目建设程序实施其工作内容。根据《中华人民共和国合同法》、《中华人民共和国建筑法》及其他有关法律、法规，委托人与监理人双方应当遵循平等、自愿、公平和诚信的原则，就工程委托监理与相关服务事项协商一致，方可订立合同。

6.1.2 建设工程监理合同的订立和履行

1. 监理合同订立

监理单位在获得委托人或者发包人发布的招标文件之后，应对招标文件中的合同文本进行分析审查，并对工程所需要的费用进行预算并提出报价。具体做法为：

1) 分析招标文件中的合同文本，对合同有一个全面的了解；

2) 检查合同内容的完整性，检查合同是否存在遗漏；

3) 分析合同的每一个条款，在使用合同示范文本时，对每一个条款执行后的法律后果及其风险进行估计。

同时，在合同鉴定前还要做好以下考察工作：

1) 业主对监理单位的资格考察。业主需要考察监理单位是否有经过建设行政主管部门审查并签发的工程监理企业资质证书；是否具有独立法人资格；是否在资质证书载明的许可范围内承揽工程；是否对拟委托工程具有监理工作的实际能力；财务状况是否满足要求；社会信誉情况；近几年的工作业绩；承担类似业务的情况及其合同履行情况。

2) 监理单位对业主的考察。主要考察以下几个方面：项目业主是否具有签订合同的主体资格；业主的财务状况和监理费用支付能力；监理合同所对应的标的是否符合法律法规规定。

3) 监理单位对工程合同的可行性考察。首先是监理单位考察获得项目的可能性；其次是获取项目之后是否具有盈利的可能；再次是本企业是否具有技术优势；最后是竞争对手的实力和投标报价的动向。

通常情况下，以下几种情况，监理单位是应该放弃对项目的竞争的：

1) 本单位主营和兼营能力之外的项目；

2) 工程规模、技术要求超出本单位资质等级的项目；

3) 本单位监理任务较多，而拟承接监理任务利润率较低或者风险较大的。

如果监理单位经过分析之后决定承接监理任务，则可以就监理合同的主要条款和应负的责任进行谈判，如业主对工程的工期要求、质量要求等。在使用示范文本时，可以就示范文本的条款逐一谈判，以决定哪些条款需要修改、哪些条款不予采用、哪些条款应当予以补充等。

合同谈判的一般程序为先谈工作计划、人员配备、业主投入等问题，然后开展监理费用谈判。合同谈判时应坚持诚实信用、公平公正公开的原则，内容应具体，责任要明确，最终形成一致性意见，有准确无异议的书面文件。

经过谈判，双方达成一致的意见，则可以正式签署合同文件，具体文件格式可以参照示范文本的格式或者当地政府发布的文件格式。

2. 监理合同生效

除法律另有规定或者专用条件另有约定外，委托人和监理人的法定代表人或其授权代理人在协议书上签字并盖单位章后合同生效。

3. 监理合同变更

任何一方提出变更请求时，双方经协商一致后可进行变更。

除不可抗力外，因非监理人原因导致监理人履行合同期限延长、内容增加时，监理人应当将此情况与可能产生的影响及时通知委托人。增加的监理工作时间、工作内容应视为附加工作。附加工作酬金的确定方法在专用条件中约定。

合同生效后，如果实际情况发生变化使得监理人不能完成全部或部分工作时，监理人应立即通知委托人。除不可抗力外，其善后工作以及恢复服务的准备工作应为附加工作，附加工作酬金的确定方法在专用条件中约定。监理人用于恢复服务的准备时间不应超过28天。

合同签订后，遇有与工程相关的法律法规、标准颁布或修订的，双方应遵照执行。由此引起监理与相关服务的范围、时间、酬金变化的，双方应通过协商进行相应调整。

因非监理人原因造成工程概算投资额或建筑安装工程费增加时，正常工作酬金应作相应调整。调整方法在专用条件中约定。

因工程规模、监理范围的变化导致监理人的正常工作量减少时，正常工作酬金应作相应调整。调整方法在专用条件中约定。

4. 监理合同暂停与解除

除双方协商一致可以解除监理合同外，当一方无正当理由未履行监理合同约定的义务时，另一方可以根据监理合同约定暂停履行合同直至解除合同。

在合同有效期内，由于双方无法预见和控制的原因导致合同全部或部分无法继续履行或继续履行已无意义，经双方协商一致，可以解除合同或监理人的部分义务。在解除之前，监理人应作出合理安排，使开支减至最小。

因解除合同或解除监理人的部分义务导致监理人遭受的损失，除依法可以免除责任的情况外，应由委托人予以补偿，补偿金额由双方协商确定。

解除合同的协议必须采取书面形式，协议未达成之前，合同仍然有效。

在合同有效期内，因非监理人的原因导致工程施工全部或部分暂停，委托人可通知监理人要求暂停全部或部分工作。监理人应立即安排停止工作，并将开支减至最小。除不可抗力外，由此导致监理人遭受的损失应由委托人予以补偿。

暂停部分监理与相关服务时间超过182天，监理人可发出解除合同约定的该部分义务的通知；暂停全部工作时间超过182天，监理人可发出解除合同的通知，合同自通知到达委托人时解除。委托人应将监理与相关服务的酬金支付至合同解除日，且应承担约定的责任。

当监理人无正当理由未履行合同约定的义务时，委托人应通知监理人限期改正。若委托人在监理人接到通知后的7天内未收到监理人书面形式的合理解释，则可在7天内发出解除合同的通知，自通知到达监理人时合同解除。委托人应将监理与相关服务的酬金支付至限期改正通知到达监理人之日，但监理人应承担约定的责任。

监理人在专用条件中约定的支付之日起28天后仍未收到委托人按合同约定应付的款项，可向委托人发出催付通知。委托人接到通知14天后仍未支付或未提出监理人可以接受的延期支付安排，监理人可向委托人发出暂停工作的通知并可自行暂停全部或部分工作。暂停工作后14天内监理人仍未获得委托人应付酬金或委托人的合理答复，监理人可向委托人发出解除合同的通知，自通知到达委托人时合同解除。委托人应承担约定的责任。

因不可抗力致使合同部分或全部不能履行时，一方应立即通知另一方，可暂停或解除合同。

合同解除后，合同约定的有关结算、清理、争议解决方式的条件仍然有效。

5. 监理合同终止

以下条件全部满足时，合同即告终止：

1）监理人完成本合同约定的全部工作；

2）委托人与监理人结清并支付全部酬金。

6.1.3 《建设工程监理合同（示范文本）》的组成及内容

建设工程监理合同是一份纲领性的法律文件，是双方当事人签订协商一致的协议。目前在工程建设领域，一般可以采用住房和城乡建设部与国家工商行政管理总局制定的《建设工程监理合同（示范文本）》（GF-2012-0202），该示范文本主要由三部分内容构成：

（1）第一部分：协议书。协议书共8条内容，由委托人和监理人按照工程项目实际情况如实填写和共同签订。协议书主要包括了工程概况、词语限定、组成本合同的文件、总监理工程师、监理报酬、监理期限、双方承诺、合同订立等内容。

（2）第二部分：通用条件。通用条件由八部分内容共计38条组成，包括词语定义与解释，监理人的义务，委托人的义务，违约责任，支付，合同生效、变更、暂停、解除与终止，争议解决和其他内容等条款。

（3）第三部分：专用条件。专用条件是对通用条件的补充与修订，由委托人和监理人在协商一致的条件下如实填写。

该示范文本还包括附录A（相关服务的范围和内容）和附录B（委托人派遣的人员和提供的房屋、资料、设备）等表格。

依据上述示范文本的相关规定，监理合同一般应使用中文书写、解释和说明。如专用条件约定使用两种及以上语言文字时，应以中文为准。

监理合同的组成文件彼此应能相互解释、互为说明。除专用条件另有约定外，监理合同文件的解释顺序如下：

（1）协议书；

（2）中标通知书（适用于招标工程）或委托书（适用于非招标工程）；

（3）专用条件及附录A、附录B；

（4）通用条件；

（5）投标文件（适用于招标工程）或监理与相关服务建议书（适用于非招标工程）。

双方签订的补充协议与其他文件发生矛盾或歧义时，属于同一类内容的文件，应以最新签署的为准。监理合同签订后，双方依法签订的补充协议也是合同文件的组成部分。

6.1.4 监理人的权利和义务

1. 监理的范围和工作内容

监理工作的范围一般可以在专用条件中进行详细约定，相关服务的范围和内容在附录A中约定。

除专用条件另有约定外，监理工作内容包括：

（1）收到工程设计文件后编制监理规划，并在第一次工地会议7天前报委托人。根据有关规定和监理工作需要，编制监理实施细则；

（2）熟悉工程设计文件，并参加由委托人主持的图纸会审和设计交底会议；

（3）参加由委托人主持的第一次工地会议；主持监理例会并根据工程需要主持或参加专题会议；

（4）审查施工承包人提交的施工组织设计，重点审查其中的质量安全技术措施、专项施工方案与工程建设强制性标准的符合性；

（5）检查施工承包人工程质量、安全生产管理制度及组织机构和人员资格；

（6）检查施工承包人专职安全生产管理人员的配备情况；

（7）审查施工承包人提交的施工进度计划，核查承包人对施工进度计划的调整；

（8）检查施工承包人的试验室；

（9）审核施工分包人资质条件；

（10）查验施工承包人的施工测量放线成果；

（11）审查工程开工条件，对条件具备的签发开工令；

（12）审查施工承包人报送的工程材料、构配件、设备质量证明文件的有效性和符合性，并按规定对用于工程的材料采取平行检验或见证取样方式进行抽检；

（13）审核施工承包人提交的工程款支付申请，签发或出具工程款支付证书，并报委托人审核、批准；

（14）在巡视、旁站和检验过程中，发现工程质量、施工安全存在事故隐患的，要求施工承包人整改并报委托人；

（15）经委托人同意，签发工程暂停令和复工令；

（16）审查施工承包人提交的采用新材料、新工艺、新技术、新设备的论证材料及相关验收标准；

（17）验收隐蔽工程、分部分项工程；

（18）审查施工承包人提交的工程变更申请，协调处理施工进度调整、费用索赔、合同争议等事项；

（19）审查施工承包人提交的竣工验收申请，编写工程质量评估报告；

（20）参加工程竣工验收，签署竣工验收意见；

（21）审查施工承包人提交的竣工结算申请并报委托人；

（22）编制、整理工程监理归档文件并报委托人。

2. 监理与相关服务依据

双方当事人一般根据工程的行业和地域特点，在专用条件中具体约定监理工作和相关服务的依据。一般情况下，监理工作和相关服务的依据包括：

（1）适用的法律、行政法规及部门规章；

（2）与工程有关的标准；

（3）工程设计及有关文件；

（4）本合同及委托人与第三方签订的与实施工程有关的其他合同。

3. 项目监理机构和人员

监理人应组建满足工作需要的项目监理机构，项目监理机构的主要人员应具有相应的资格条件。合同履行过程中，总监理工程师及重要岗位监理人员应保持相对稳定，以保证监理工作正常进行。

监理人可根据工程进展和工作需要调整项目监理机构人员。监理人更换总监理工程师时，应提前 7 天向委托人书面报告，经委托人同意后方可更换；监理人更换项目监理机构其他监理人员，应以相当资格与能力的人员替换，并通知委托人。

监理人应及时更换监理人员的情形包括以下几种：①有严重过失行为的；②有违法行为不能履行职责的；③涉嫌犯罪的；④不能胜任岗位职责的；⑤严重违反职业道德的；⑥专用条件约定的其他情形。

委托人可要求监理人更换不能胜任本职工作的项目监理机构人员。

4. 履行职责

监理人应遵循职业道德准则和行为规范，严格按照法律法规、工程建设有关标准及合同履行职责。

在监理与相关服务范围内，委托人和承包人提出的意见和要求，监理人应及时提出处置意见。当委托人与承包人之间发生合同争议时，监理人应协助委托人、承包人协商解决。当委托人与承包人之间的合同争议提交仲裁机构仲裁或人民法院审理时，监理人应提供必要的证明资料。

监理人应在专用条件约定的授权范围内，处理委托人与承包人所签订合同的变更事宜。如果变更超过授权范围，应以书面形式报委托人批准。在紧急情况下，为了保护财产和人身安全，监理人所发出的指令未能事先报委托人批准时，应在发出指令后的 24 小时内以书面形式报委托人。

除专用条件另有约定外，监理人发现承包人的人员不能胜任本职工作的，有权要求承包人予以调换。

5. 提交报告

监理人应按专用条件约定的种类、时间和份数向委托人提交监理与相关服务的报告。

6. 文件资料

在本合同履行期内，监理人应在现场保留工作所用的图纸、报告及记录监理工作的相关文件。工程竣工后，应当按照档案管理规定将监理有关文件归档。

7. 使用委托人的财产

监理人无偿使用附录 B 中由委托人派遣的人员和提供的房屋、资料、设备。除专用条件另有约定外，委托人提供的房屋、设备属于委托人的财产，监理人应妥善使用和保管，在本合同终止时将这些房屋、设备的清单提交委托人，并按专用条件约定的时间和方式移交。

6.1.5　委托人的权利和义务

1. 委托人的权利

一般情况下，委托人享有的权利包括以下内容：

（1）委托人有选定工程总承包人，以及与其订立合同的权利。

（2）委托人有对工程规模、设计标准、规划设计、生产工艺设计和设计使用功能要求的认定权，以及对工程设计变更的审批权。

（3）监理人调换总监理工程师需事先经委托人同意。

(4) 委托人有权要求监理人提供监理工作月报及监理业务范围内的专项报告。

(5) 当委托人发现监理人员不按监理合同履行监理职责，或与承包人串通给委托人或工程造成损失的，委托人有权要求监理人更换监理人员，直到解除合同并要求监理人承担相应的赔偿责任或连带赔偿责任。

2. 委托人的义务

委托人的义务包括：

(1) 告知。委托人应在委托人与承包人签订的合同中明确监理人、总监理工程师和授予项目监理机构的权限。如有变更，应及时通知承包人。

(2) 提供资料。委托人应按照附录B约定，无偿向监理人提供工程有关的资料。在本合同履行过程中，委托人应及时向监理人提供最新的与工程有关的资料。

(3) 提供工作条件。委托人应为监理人完成监理与相关服务提供必要的条件。委托人应按照附录B约定，派遣相应的人员，提供房屋、设备，供监理人无偿使用。委托人应负责协调工程建设中所有外部关系，为监理人履行本合同提供必要的外部条件。

(4) 委托人代表。委托人应授权一名熟悉工程情况的代表，负责与监理人联系。委托人应在双方签订本合同后7天内，将委托人代表的姓名和职责书面告知监理人。当委托人更换委托人代表时，应提前7天通知监理人。

(5) 委托人意见或要求。在本合同约定的监理与相关服务工作范围内，委托人对承包人的任何意见或要求应通知监理人，由监理人向承包人发出相应指令。

(6) 答复。委托人应在专用条件约定的时间内，对监理人以书面形式提交并要求作出决定的事宜，给予书面答复。逾期未答复的，视为委托人认可。

(7) 支付。委托人应按监理合同约定，向监理人支付酬金。

6.1.6 监理报酬和支付

监理合同中通常会约定，委托人应按监理合同约定，向监理人支付酬金。委托人通常支付的酬金包括正常工作酬金、附加工作酬金、合理化建议奖励金额及费用。

正常的工作报酬包括监理人在所承接工程项目监理过程中所需要的全部成本，再加上合理的利润和税金。监理的成本则包括了直接成本和间接成本。

(1) 直接成本

直接成本一般由以下几部分费用构成：

1) 监理人员和辅助监理人员的工资，包括津贴、附加工资、奖金等；

2) 监理人员在所承接工程项目中支付的其他专项开支，包括差旅费、补助费、书报费等；

3) 监理期间使用与监理工作相关的计算机和其他仪器、机械设备的摊销费用；

4) 监理工作所需要的其他外部协作费用。

(2) 间接成本

间接成本是指全部业务经营开支和非工程项目的特定开支。具体包括：

1) 管理人员、行政人员和后勤服务人员的工资支出；

2) 经营业务费，包括承揽项目而发生的广告费用；

3) 办公费用，包括文具、纸张、账表、报刊、文印费用等；

4) 交通费、差旅费、办公设施费（办公使用的水、电、暖、环卫和治安等费用）；

5）固定资产及常用工器具、设备购置费；

6）业务培训费、图书资料购置费等；

7）其他行政活动经费。

附加工作和额外工作的报酬是按照实际增加工作的天数计算。双方应另行签订补充协议，具体商定报酬额或者报酬的计算方法。

建设工程监理与相关服务收费包括建设工程施工阶段的工程监理（以下简称“施工监理”）服务收费和勘察、设计、保修等阶段的相关服务（以下简称“其他阶段的相关服务”）收费。

建设工程监理与相关服务收费根据建设项目性质不同，分别实行政府指导价或市场调节价。依法必须实行监理的建设工程，其施工阶段的监理收费实行政府指导价；其他建设工程施工阶段的监理收费和其他阶段的监理与相关服务收费实行市场调节价。

实行政府指导价的建设工程施工阶段的监理收费，其基准价根据《建设工程监理与相关服务收费标准》计算，浮动幅度为上下 20%。发包人和监理人应当根据建设工程的实际情况在规定的浮动幅度内协商确定收费额。实行市场调节价的建设工程监理与相关服务收费，由发包人和监理人协商确定收费额。

施工监理服务收费按照下列公式计算：

$$\text{施工监理服务收费} = \text{施工监理服务收费基准价} \times (1 \pm \text{浮动幅度值}) \quad (6\text{-}1)$$

$$\text{施工监理服务收费基准价} = \text{施工监理服务收费基价} \times \text{专业调整系数} \times \text{工程复杂程度调整系数} \times \text{高程调整系数} \quad (6\text{-}2)$$

发包人（委托人）与监理人根据项目的实际情况，在规定的浮动幅度范围内协商确定施工监理服务收费合同额。

施工监理服务收费基价是完成国家法律法规、规范规定的施工阶段监理基本服务内容的价格。施工监理服务收费基价按《施工监理服务收费基价表》（附表二）确定，计费额处于两个数值区间的，采用直线内插法确定施工监理服务收费基价。

施工监理服务收费调整系数包括：专业调整系数、工程复杂程度调整系数和高程调整系数。

（1）专业调整系数是对不同专业建设工程的施工监理工作复杂程度和工作量差异进行调整的系数。计算施工监理服务收费时，专业调整系数在《施工监理服务收费专业调整系数表》（附表三）中查找确定。

（2）工程复杂程度调整系数是对同一专业建设工程的施工监理复杂程度和工作量差异进行调整的系数。工程复杂程度分为一般、较复杂和复杂三个等级，其调整系数分别为：一般（Ⅰ级）0.85；较复杂（Ⅱ级）1.0；复杂（Ⅲ级）1.15。计算施工监理服务收费时，工程复杂程度在相应章节的《工程复杂程度表》中查找确定。

（3）高程调整系数如下：

1）海拔高程 2001m 以下的为 1；

2）海拔高程 2001～3000m 为 1.1；

3）海拔高程 3001～3500m 为 1.2；

4）海拔高程 3501～4000m 为 1.3；

5）海拔高程 4001m 以上的，高程调整系数由发包人和监理人协商确定。

发包人可以将施工监理服务中的某一部分工作单独发包给监理人，按照其占施工监理服务工作量的比例计算施工监理服务收费，其中质量控制和安全生产监督管理服务收费不宜低于施工监理服务收费额的70%。

建设工程项目施工监理服务由两个或者两个以上监理人承担的，各监理人按照其占施工监理服务工作量的比例计算施工监理服务收费。发包人委托其中一个监理人对建设工程项目施工监理服务总负责的，该监理人按照各监理人合计监理服务收费额的4%～6%向发包人收取总体协调费。

监理报酬除专用条件另有约定外，酬金均以人民币支付。涉及外币支付的，所采用的货币种类、比例和汇率在专用条件中约定。

监理人应在本合同约定的每次应付款时间的7天前，向委托人提交支付申请书。支付申请书应当说明当期应付款总额，并列出当期应支付的款项及其金额。

委托人对监理人提交的支付申请书有异议时，应当在收到监理人提交的支付申请书后7天内，以书面形式向监理人发出异议通知。无异议部分的款项应按期支付，有异议部分的款项按争议处理约定办理。

6.2　建设工程造价咨询合同

工程造价咨询是指面向社会接受委托，承担建设项目的全过程、动态造价管理，包括可行性研究、投资估算、项目经济评价、工程概算、预算、工程结算、工程竣工结算、工程招标标底、投标报价的编制和审核、对工程造价进行监控以及提供有关工程造价信息资料等业务。

工程造价咨询服务的主要内容：①建设项目可行性研究经济评价、投资估算、项目后评价报告的编制和审核；②建设工程概、预、结算及竣工结（决）算报告的编制和审核；③建设工程实施阶段工程招标标底、投标报价的编制和审核；④工程量清单的编制和审核；⑤施工合同价款的变更及索赔费用的计算；⑥提供工程造价经济纠纷的鉴定服务；⑦提供建设工程项目全过程的造价监控与服务；⑧提供工程造价信息服务等 。

6.2.1　《建设工程造价咨询合同（示范文本）》

为了指导建设工程造价咨询合同当事人的签约行为，维护合同当事人的合法权益，依据《中华人民共和国合同法》、《中华人民共和国建筑法》、《中华人民共和国招标投标法》以及相关法律法规，住房和城乡建设部、国家工商行政管理总局对《建设工程造价咨询合同（示范文本）》（GF-2002-0212）进行了修订，制定了《建设工程造价咨询合同（示范文本）》（GF-2015- 0212 ）。

《示范文本》由协议书、通用条件和专用条件三部分组成。

（1）协议书

《示范文本》协议书集中约定了合同当事人基本的合同权利义务。

（2）通用条件

通用条件是合同当事人根据《中华人民共和国合同法》、《中华人民共和国建筑法》等法律法规的规定，就工程造价咨询的实施及相关事项，对合同当事人的权利义务作出的原则性约定。通用条件既考虑了现行法律法规对工程发承包计价的有关要求，也考虑了工程造价咨询管理的特殊需要。

（3）专用条件

专用条件是对通用条件原则性约定的细化、完善、补充、修改或另行约定的条件。合同当事人可以根据不同建设工程的特点及发承包计价的具体情况，通过双方的谈判、协商对相应的专用条件进行修改补充。在使用专用条件时，应注意以下事项：

1）专用条件的编号应与相应的通用条件的编号一致；

2）合同当事人可以通过对专用条件的修改，满足具体工程的特殊要求，避免直接修改通用条件；

3）在专用条件中有横道线的地方，合同当事人可针对相应的通用条件进行细化、完善、补充、修改或另行约定；如无细化、完善、补充、修改或另行约定，则填写“无”或划“/”。

《示范文本》供合同双方当事人参照使用，可适用于各类建设工程全过程造价咨询服务以及阶段性造价咨询服务的合同订立。合同当事人可结合建设工程具体情况，按照法律法规规定，根据《示范文本》的内容，约定双方具体的权利义务。

造价咨询合同的组成文件彼此应能相互解释、互为说明。除专用条件另有约定外，合同文件的解释顺序如下：

（1）协议书；

（2）中标通知书或委托书（如果有）；

（3）专用条件及附录；

（4）通用条件；

（5）投标函及投标函附录或造价咨询服务建议书（如果有）；

（6）其他合同文件。

上述各项合同文件包括合同当事人就该项合同文件所作出的补充和修改，属于同一类内容的文件，应以最新签署的为准。在合同订立及履行过程中形成的与合同有关的文件均构成合同文件的组成部分。

6.2.2　委托人与咨询人的权利与义务

1. 委托人

委托人是指合同中委托造价咨询与其他服务的一方，及其合法的继承人或受让人。其主要责任与义务包括以下内容：

（1）提供资料。委托人应当在专用条件约定的时间内，按照约定无偿向咨询人提供与合同咨询业务有关的资料。在合同履行过程中，委托人应及时向咨询人提供最新的与合同咨询业务有关的资料。委托人应对所提供资料的真实性、准确性、合法性与完整性负责。

（2）提供工作条件。委托人应为咨询人完成造价咨询提供必要的条件。委托人需要咨询人派驻项目现场咨询人员的，除专用条件另有约定外，项目咨询人员有权无偿使用附录D中由委托人提供的房屋及设备。委托人应负责与本工程造价咨询业务有关的所有外部关系的协调，为咨询人履行本合同提供必要的外部条件。

（3）合理工作时限。委托人应当为咨询人完成其咨询工作，设定合理的工作时限。

（4）委托人代表。委托人应授权一名代表负责本合同的履行。委托人应在双方签订本合同7日内，将委托人代表的姓名和权限范围书面告知咨询人。委托人更换委托人代表时，应提前7日书面通知咨询人。

（5）答复。委托人应当在专用条件约定的时间内就咨询人以书面形式提交并要求做出答复的事宜给予书面答复。逾期未答复的，由此造成的工作延误和损失由委托人承担。

（6）支付。委托人应当按照合同的约定，向咨询人支付酬金。

2. 咨询人

咨询人是指合同中提供造价咨询与其他服务的一方，及其合法的继承人。

项目咨询团队是指咨询人指派负责履行合同的团队，其团队成员为合同的项目咨询人员。

项目负责人是指由咨询人的法定代表人书面授权，在授权范围内负责履行合同、主持项目咨询团队工作的负责人。

项目咨询团队的主要人员应具有专用条件约定的资格条件，团队人员的数量应符合专用条件的约定。

咨询人应以书面形式授权一名项目负责人负责履行合同、主持项目咨询团队工作。采用招标程序签署合同的，项目负责人应当与投标文件载明的一致。

在合同履行过程中，咨询人员应保持相对稳定，以保证咨询工作正常进行。咨询人可根据工程进展和工作需要等情形调整项目咨询团队人员。咨询人更换项目负责人时，应提前7日向委托人书面报告，经委托人同意后方可更换。除专用条件另有约定外，咨询人更换项目咨询团队其他咨询人员，应提前3日向委托人书面报告，经委托人同意后以相当资格与能力的人员替换。

咨询人员有下列情形之一，委托人要求咨询人更换的，咨询人应当更换：

（1）存在严重过失行为的；

（2）存在违法行为不能履行职责的；

（3）涉嫌犯罪的；

（4）不能胜任岗位职责的；

（5）严重违反职业道德的；

（6）专用条件约定的其他情形。

咨询人应当按照专用条件约定的时间等要求向委托人提供与工程造价咨询业务有关的资料，包括工程造价咨询企业的资质证书及承担本合同业务的团队人员名单及执业（从业）资格证书、咨询工作大纲等，并按合同约定的服务范围和工作内容实施咨询业务。

咨询人应当在专用条件约定的时间内，按照专用条件约定的份数、组成向委托人提交咨询成果文件。咨询人提交的工程造价咨询成果文件，除加盖咨询人单位公章、工程造价咨询企业执业印章外，还必须按要求加盖参加咨询工作人员的执业（从业）资格印章。

咨询人应在专用条件内与委托人协商明确履行合同约定的咨询服务需要适用的技术标准、规范、定额等工作依据，但不得违反国家及工程所在地的强制性标准、规范。咨询人应自行配备技术标准、规范、定额等相关资料。必须由委托人提供的资料，应在附录C中载明。需要委托人协助才能获得的资料，委托人应予以协助。

6.3 案 例 分 析

【案例6-1】某工程，实施过程中发生如下事件：

事件1：监理合同签订后，监理单位技术负责人组织编制了监理规划并报法定代表人审批，在第一次工地会议后，项目监理机构将监理规划报送建设单位。

事件2：总监理工程师委托总监理工程师代表完成下列工作：

① 组织召开监理例会；

② 组织审查施工组织设计；

③ 组织审核分包单位资格、组织审查工程变更；

④ 组织审核工程变更；

⑤ 签发工程款支付证书；

⑥ 调解建设单位与施工单位的合同争议。

事件3：总监理工程师在巡视中发现，施工现场有一台起重机械安装后未经验收投入使用，且存在严重安全事故隐患，总监理工程师即向施工单位签发监理通知单要求整改，并及时报告建设单位。

事件4：工程完工经自检合格后，施工单位向项目监理机构报送了工程竣工验收报审表及竣工资料，申请工程竣工验收。总监理工程师组织各专业监理工程师审查了竣工资料，认为施工过程中已对所有分部分项工程进行过验收合格，随即在工程竣工验收报审表中签署了预验收合格的意见。

问题1：指出事件1中的不妥之处，写出正确做法。

问题2：逐条指出事件2中，总监理工程师可委托和不可委托总监理工程师代表完成的工作。

问题3：指出事件3中，总监理工程师的做法不妥之处，说明理由。并写出要求施工单位整改的内容。

问题4：根据《建设工程监理规范》指出事件4中总监理工程师做法的不妥之处，写出总监理工程师在工程竣工预验收中还应组织完成的工作。

【参考答案】

1. 事件1中的不妥之处及正确做法如下：

(1) 不妥之处：监理单位技术负责人组织编制监理规划。

正确做法：监理规划应由总监理工程师组织编制。

(2) 不妥之处：监理规划报法定代表人审批。

正确做法：监理规划由总监理工程师组织编制完成后，报监理单位技术负责人审批。

(3) 不妥之处：在第一次工地会议后，将监理规划报送建设单位。

正确做法：在第一次工地会议7天前报建设单位。

2. 事件2中，总监理工程师可委托和不可委托总监理工程师代表完成的工作如下：

第①条可以委托总监理工程师代表；

第②条不可以委托总监理工程师代表；

第③条可以委托总监理工程师代表；

第④条可以委托总监理工程师代表；

第⑤条不可以委托总监理工程师代表；

第⑥条不可以委托总监理工程师代表。

3. 事件3中，总监理工程师的做法不妥之处及整改内容如下：

(1) 对此事，总监理工程师签发监理通知单做法不妥。

理由：

1）当存在严重安全事故隐患时，总监理工程师应签发局部工程暂停令，并报告建设单位。

2）如果施工单位拒不整改或不停止施工的，项目监理机构应及时向有关主管部门报告。

（2）要求施工单位整改的内容：施工单位应组织有关单位对该起重机械设备进行验收，或可委托具有相应资质的检测机构进行验收并出具报告；经验收合格，施工单位提出复工申请表后，由总监理工程师签发复工表。

4. 总监理工程师做法的不妥之处及应组织完成的工作如下：

（1）不妥之处：总监理工程师组织各专业监理工程师审查了竣工资料。随即在工程竣工验收报审表中签署了预验收合格的意见。

（2）总监理工程师应组织完成的工作：

1）总监理工程师收到竣工验收报审表及竣工资料后，组织相关单位对工程实体进行预验收；对存在的工程质量问题等，应要求施工单位进行整改，合格后才能签署预验收意见。

2）项目监理机构应编写工程质量评估报告，总监理工程师和监理单位技术负责人审核签字后报建设单位。

【案例 6-2】某工程，实施过程中发生如下事件：

事件 1：项目监理机构发现某分项工程混凝土强度未达到设计要求。经分析，造成该质量问题的主要原因为：①工人操作技能差；②砂石含泥量大；③养护效果差；④气温过低；⑤未进行施工交底；⑥搅拌机失修。

事件 2：对于深基坑工程，施工项目经理将组织编写的专项施工方案直接报送项目监理机构审核的同时，即开始组织基坑开挖。

事件 3：施工中发现地质情况与地质勘察报告不符，施工单位提出工程变更申请。项目监理机构审查后，认为该工程变更涉及设计文件修改，在提出审查意见后将工程变更申请报送建设单位。建设单位委托原设计单位修改了设计文件。项目监理机构收到修改的设计文件后，立即要求施工单位据此安排施工，并在施工前组织了设计交底。

事件 4：建设单位收到某材料供应商的举报，称施工单位已用于工程的某批装饰材料为不合格产品。据此，建设单位立即指令施工单位暂停施工；指令项目监理机构见证施工单位对该批材料的取样检测；经检测，该批材料为合格产品。为此，施工单位向项目监理机构提交了暂停施工后的人员窝工和机械闲置的费用索赔申请。

问题 1：针对事件 1 中的质量问题绘制包含人员、机械、材料、方法、环境五大因果分析图，并将①～⑥项原因分别归入五大原因之中。

问题 2：指出事件 2 中的不妥之处，写出正确做法。

问题 3：指出事件 3 中项目监理机构做法的不妥之处，写出正确的处理程序。

问题 4：事件 4 中，建设单位的做法是否妥当？项目监理机构是否应批准施工单位提出的索赔申请？分别说明理由。

【参考答案】

1. 针对事件 1 中的质量问题绘制的因果分析图如图 6-1 所示：

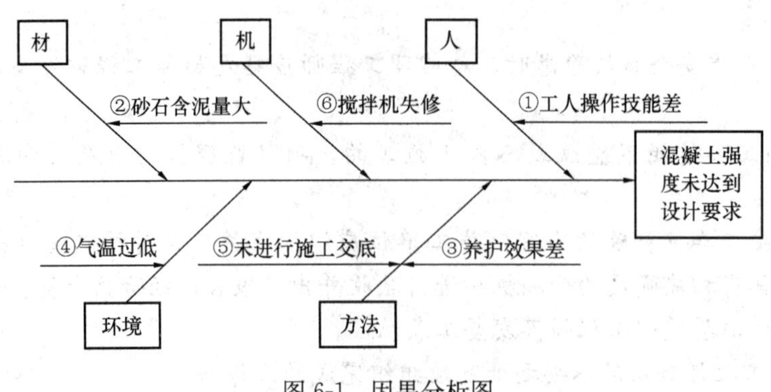

图 6-1　因果分析图

2. 事件 2 中的不妥之处及正确做法如下：

(1) 不妥之处一：施工单位项目经理将组织编写的专项施工方案直接报送项目监理机构。

正确做法：

1) 编制的深基坑工程的专项施工方案，项目经理先报送本单位技术、安全等部门审查合格后，由技术负责人审批；

2) 施工单位还应当组织专家进行论证、审查修改通过后，项目监理机构总监审批。

(2) 不妥之处二：项目监理机构审核专项施工方案的同时，施工单位开始组织基坑开挖。

正确做法：专项施工方案，应经施工单位技术负责人及总监理工程师签字后，才能实施施工。

3. 事件 3 中项目监理机构做法的不妥之处及正确处理程序如下：

(1) 不妥之处：项目监理机构收到修改的设计文件后，立即要求施工单位据此安排施工。

(2) 处理程序：

1) 总监理工程师组织专业监理工程师审查施工单位提出的工程变更申请，提出审查意见。对涉及工程设计文件修改的工程变更，应由建设单位转交原设计单位修改设计文件。

2) 总监理工程师组织专业监理工程师对工程变更费用及工期影响作出评估。

3) 总监理工程师组织建设单位、施工单位等共同协商确定工程变更费用及工期变化，会签工程变更单。

4) 项目监理机构根据批准的工程变更文件监督施工单位实施工程变更。

4. 建设单位及项目监理机构的做法及理由如下：

(1) 建设单位立即指令施工单位暂停施工的做法不妥当。

理由：

1) 如果施工单位被举报已用于工程的某批装饰材料为不合格产品，则应由项目监理机构签发监理通知单进行调查；

2) 不属于签发暂停令的情况，暂停令不应由建设单位签发，应当由总监理工程师签发。

（2）应批准施工单位提出的索赔申请。

理由：对于发包人要求检测材料、工程设备等，经检测证明该批材料及设备是合格产品后，发包人应承担由此增加的费用及工期延误。

本章小结

现代建筑施工一般都会委托监理方代表业主执行权利，对施工过程进行监督管理，以保证整体工程质量。合同作为维护多方利益的基础依据，不仅关乎经济利益，还影响到监理施工水平，甚至会影响建筑行业的规范化发展。所以，在监理中必须重视合同管理，并采取有效措施提高管理水平。建设工程造价咨询合同是建设单位与造价咨询企业之间达成的关于工程造价的协议，在协议中对工程造价予以计量和确认。建设工程造价咨询合同中的违约行为会给建设单位造成一定的经济损失。因此，本章主要论述了建设工程监理合同和造价咨询合同两个方面的内容。

思考与练习题

1. 监理合同对双方当事人的权利和义务都有哪些相关规定？
2. 监理合同示范文本包括哪些具体内容？
3. 简要介绍委托监理的范围和工作内容。
4. 监理合同适用哪些法律法规或者相关文件？
5. 正常监理工作的报酬应当如何支付？
6. 监理人应当承担哪些违约责任？

附录1　常用标准规范、示范文本

［1］《建设工程施工合同（示范文本）》（GF-2017-0201）

［2］《建设工程勘察合同（示范文本）》（GF-2016-0203）

［3］《建设工程设计合同示范文本（专业建设工程）》（GF-2015-0210）

［4］《建设工程设计合同示范文本（房屋建筑工程）》（GF-2015-0209）

［5］《建设工程监理合同（示范文本）》（GF-2012-0202）

［6］《建设工程施工专业分包合同（示范文本）》（GF-2003-0213）

［7］《建设工程施工劳务分包合同（示范文本）》（GF-2003-0214）

［8］《建设工程造价咨询合同（示范文本）》（GF-2015-0212）

［9］《建设工程工程量清单计价规范》（GB 50500—2013）

［10］《房屋建筑与装饰工程工程量计算规范》（GB 50854—2013）

［11］《建设工程项目管理规范》（GB/T 50326—2017）

［12］《建设项目工程总承包合同示范文本》（GF-2011-0216）

［13］《中华人民共和国标准设备采购招标文件》（2017年版）（发改法规［2017］1606号）

［14］《中华人民共和国标准材料采购招标文件》（2017年版）（发改法规［2017］1606号）

［15］《中华人民共和国标准勘察招标文件》（2017年版）（发改法规［2017］1606号）

［16］《中华人民共和国标准设计招标文件》（2017年版）（发改法规［2017］1606号）

［17］《中华人民共和国标准监理招标文件》（2017年版）（发改法规［2017］1606号）

［18］《中华人民共和国标准施工招标资格预审文件》（2007年版）（九部委56号令）

［19］《中华人民共和国标准施工招标文件》（2012年版）（发改法规［2011］3018号）

［20］《中华人民共和国标准设计施工总承包招标文件》（2012年版）（发改法规［2011］3018号）

附录 2　常用法律法规文件

[1]《中华人民共和国建筑法》(2019 年 4 月 23 日全国人民代表大会常务委员会通过关于修改《中华人民共和国建筑法》等八部法律的决定)

[2]《中华人民共和国合同法》(1999 年 3 月 15 日第九届全国人民代表大会第二次会议通过，1999 年 3 月 15 日中华人民共和国主席令第 15 号公布，自 1999 年 10 月 1 日起施行)

[3]《中华人民共和国招标投标法》(根据 2017 年 12 月 27 日发布的中华人民共和国主席令第 86 号《全国人民代表大会常务委员会关于修改〈中华人民共和国招标投标法〉、〈中华人民共和国计量法〉的决定》修正)

[4]《中华人民共和国招标投标法实施条例》(根据 2019 年 3 月 2 日发布的国务院令第 709 号《国务院关于修改部分行政法规的决定》修正)

[5]《工程建设项目施工招标投标办法》(根据 2013 年 3 月 11 日发布的九部委令第 23 号《关于废止和修改部分招标投标规章和规范性文件的决定》修正)

[6]《建筑工程设计招标投标管理办法》(2017 年 1 月 24 日中华人民共和国住房和城乡建设部令第 33 号发布，自 2017 年 5 月 1 日起施行)

[7]《必须招标的工程项目规定》(2018 年 3 月 27 日中华人民共和国国家发展和改革委员会令第 16 号发布，自 2018 年 6 月 1 日起施行)

[8]《招标公告和公示信息发布管理办法》(2017 年 11 月 23 日国家发展和改革委员会令第 10 号发布，自 2018 年 1 月 1 日起施行)

[9]《中华人民共和国城乡规划法》(根据 2015 年 4 月 24 日第十二届全国人民代表大会常务委员会第十四次会议通过的《全国人民代表大会常务委员会关于修改〈中华人民共和国港口法〉等七部法律的决定》修正)

[10]《中华人民共和国安全生产法》(根据 2014 年 8 月 31 日发布的中华人民共和国主席令第 13 号《全国人民代表大会常务委员会关于修改〈中华人民共和国安全生产法〉的决定》第二次修正)

[11]《建设工程勘察设计管理条例》(根据 2017 年 10 月 7 日发布的中华人民共和国国务院令第 687 号《国务院关于修改部分行政法规的决定》修正)

[12]《建设工程安全生产管理条例》(2003 年 11 月 24 日中华人民共和国国务院令第 393 号公布)

[13]《生产安全事故应急条例》(2019 年 2 月 17 日国务院令第 708 号公布)

[14]《建设工程勘察质量管理办法》(根据 2007 年 11 月 22 日发布的建设部令第 163 号《建设部关于修改〈建设工程勘察质量管理办法〉的决定》修正)

[15]《建设工程质量管理条例》(根据 2019 年 4 月 23 日发布的国务院令第 714 号《国务院关于修改部分行政法规的决定》修正)

[16]《房屋建筑和市政基础设施工程施工分包管理办法》(根据 2019 年 3 月 13 日发布的《住房和城乡建设部关于修改部分部门规章的决定》修正)

[17]《房屋建筑和市政基础设施工程施工招标投标管理办法》(根据 2019 年 3 月 13 日发布的《住房和城乡建设部关于修改部分部门规章的决定》修正)

[18]《危险性较大的分部分项工程安全管理规定》(根据 2019 年 3 月 13 日发布的《住房和城乡建设部关于修改部分部门规章的决定》修正)

[19]《建筑业企业资质管理规定》(根据 2018 年 12 月 22 日发布的《住房与城乡建设部关于修改〈建筑业企业资质管理规定〉等部门规章的决定》修正)

[20]《建筑工程施工许可管理办法》(根据 2018 年 9 月 28 日发布的《住房与城乡建设部关于修改〈建筑工程施工许可管理办法〉的决定》修正)

[21]《建筑工程施工发包与承包计价管理办法》(2013 年 12 月 11 日住房和城乡建设部令第 16 号公布，自 2014 年 2 月 1 日起施行)

[22]《房屋建筑工程质量保修办法》(2000 年 6 月 30 日建设部令第 80 号公布)

[23]《房屋建筑和市政基础设施工程竣工验收备案管理办法》(根据 2009 年 10 月 19 日发布的《住房和城乡建设部关于修改〈房屋建筑工程和市政基础设施工程竣工验收备案管理暂行办法〉的决定》修正)

[24]《建筑工程施工发包与承包违法行为认定查处管理办法》(2019 年 1 月 3 日发布了建市规 [2019] 1 号《住房和城乡建设部关于印发建筑工程施工发包与承包违法行为认定查处管理办法的通知》)

参 考 文 献

[1] 王广月，毛守让，陈伏军，张建道．工程合同风险管理与索赔[M]．北京：中国水利水电出版社，2009.

[2] 骆珣．项目管理教程(第二版)[M]．北京：机械工业出版社，2016.

[3] 朱宏亮，成虎．工程合同管理[M]．北京：中国建筑工业出版社，2007.

[4] 杨平，丁晓欣，赖芨宇，陶学明．工程合同管理[M]．北京：人民交通出版社，2006.

[5] 李明孝．建设工程招投标与合同管理[M]．西安：西北工业大学出版社，2015.

[6] 沈中友．工程招投标与合同管理[M]．武汉：武汉理工大学出版社，2016.

[7] 吴世铭．基于模糊网络分析的建设工程合同信用风险评价研究[D]．长沙：长沙理工大学，2013.

[8] 李文英．层次分析法(AHP)在工程项目风险管理中的应用[J]．北京化工大学学报(社会科学版)，2009(01)：46-48+66.

[9] 王艳艳，黄伟典．工程招投标与合同管理[M]．北京：中国建筑工业出版社，2014.